Wissenschaftliche Taschenbücher WTB

Mathematik · Physik

J. V. Sačkov

Wahrscheinlichkeit und Struktur

Akademie-Verlag · Berlin

WTB

BAND 243

J. V. Sačkov

Wahrscheinlichkeit und Struktur

AKADEMIE-VERLAG · BERLIN

Reihe MATHEMATIK UND PHYSIK

Herausgeber:
Prof. Dr phil. habil. W. Holzmüller, Leipzig
Prof. Dr. phil. habil. A. Lösche, Leipzig
Prof. Dr. phil. habil. H. Reichardt, Berlin
Prof. Dr phil. habil. K. Schröder, Berlin
Prof. Dr. rer nat. habil. H.-J. Treder, Potsdam

Übersetzt und in deutscher Sprache herausgegeben von:
Dr. Ulrich Röseberg
Zentralinstitut für Philosophie der Akademie der Wissenschaften der DDR

Titel der Originalausgabe:
Ю. В. Сачков
Введение в вероятностный мир
Verlag Nauka, Moskau 1971

1978
Erschienen im Akademie-Verlag, 108 Berlin, Leipziger Str. 3—4

Lizenznummer: 202 · 100/438/78
Herstellung: VEB Druckhaus „Maxim Gorki“, 74 Altenburg
Bestellnummer: 762 549 7 (7243) · LSV 0104
Printed in GDR
DDR 12,50 M

Inhaltsverzeichnis

Vorwort des Herausgebers

Wahrscheinlichkeitstheoretische und statistische Forschungsmethoden werden heute mit großem Erfolg in zahlreichen Wissenschaftsgebieten angewandt. Dabei entstehen immer wieder erkenntnistheoretische und methodologische Fragen. Vor allem die Auseinandersetzungen um die Determinismus- und Kausalitätsauffassungen zeigen deutlich, daß die Behandlung derartiger Fragen stets in übergreifende weltanschauliche Auseinandersetzungen eingebettet sind.

Die marxistisch-leninistischen Philosophen tragen den sich abzeichnenden Tendenzen der Wissenschaftsentwicklung dadurch Rechnung, daß sie weltanschaulich bewährte dialektisch-materialistische Grundpositionen durch philosophische Verallgemeinerung des entsprechenden einzelwissenschaftlichen Materials präzisieren und vertiefen. Auf diesem Wege werden im Rahmen der marxistisch-leninistischen Philosophie präzisierte philosophische Erkenntnisse gewonnen, die dann als heuristische Hinweise der Philosophie für die einzelwissenschaftliche Forschung wirksam sein können. Mit der konstruktiven Lösung philosophischer Fragen der Wissenschaftsentwicklung werden zugleich die idealistischen und mechanistischen Fehldeutungen zurückgewiesen.[1])

Die Bemühungen marxistisch-leninistischer Philosophen in enger Zusammenarbeit mit den Vertretern anderer Disziplinen die Vielfalt der gegenwärtig von den Wissenschaften untersuchten Zusammenhangsformen philosophisch adäquat zu erfassen, laufen in einer dialektisch-

---

[1]) H. HÖRZ, Marxistische Philosophie und Naturwissenschaften. Berlin 1974.

materialistischen Determinismuskonzeption zusammen. Darin wird unter Berücksichtigung der Kritik der Klassiker des Marxismus-Leninismus am mechanischen Determinismus, die LENINsche Feststellung, daß der Philosoph „sich um eine einheitliche, Theorie und Praxis umfassende, auf dem Determinismus aufgebaute Weltanschauung zu kümmern hat"[1]) für den Stand der einzelwissenschaftlichen Erkenntnisse unserer Zeit verwirklicht. An dieser Arbeit sind Wissenschaftler der verschiedensten Disziplinen in zahlreichen Ländern beteiligt. Besonders intensiv wurden und werden die Probleme einer dialektisch-materialistischen Determinismuskonzeption in der Sowjetunion von den Spezialisten für philosophische Fragen der Naturwissenschaft erforscht. In den letzten Jahren ist eine Reihe von repräsentativen Kollektivarbeiten und Monographien erschienen, die den bisher erreichten Stand charakterisieren.[2])

Auch in unserer Republik wurde eine umfangreiche Arbeit zur Präzisierung der dialektisch-materialistischen Determinismuskonzeption geleistet. Das fand seinen Niederschlag in zahlreichen Diskussionen von Philosophen mit Vertretern anderer Wissenschaften.[3]) Es

---

1) W. I. LENIN, Materialismus und Empiriokritizismus. In: LW. Berlin 1968, Bd. 14, S. 188.

2) Stellvertretend seien genannt:
Современный детерминизм-законы природы. Москва 1973.
Современный детерминизм и наука. т. 1 и 2. Новосибирск 1975.
В. Г. Иванов, Детерминизм в философии и физике. Ленинград 1974.
О. С. Разумовский, Современный детерминизм и экстремальные принципы в физике. Москва 1975.
В. И. Купцов, Детерминизм и вероятность. Москва 1976.

3) Dazu wären zahlreiche Konferenzen in Berlin, Greifswald, Halle, Jena, Leipzig, Rostock und andere Formen der Zusammenarbeit zu erwähnen, die an die Diskussionen der 50er Jahre anknüpften. Stellvertretend seien hier die Konferenzen des von Prof. H. LEY geleiteten Bereichs Philosophische Fragen der Wissenschaften an der Humboldt-Universität zu Berlin genannt, deren Resultate in der Wissenschaftlichen Zeitschrift der HU veröffentlicht wurden:
1962 – Determinismus und Gesetzmäßigkeit in der modernen Naturwissenschaft.
1964 – Gesetz und Bedingung in den technischen und Naturwissenschaften.

wurden Gesamtdarstellungen der Problematik vorgelegt, in denen unter Berücksichtigung neuer einzelwissenschaftlicher Erkenntnisse die philosophisch übergreifenden Momente behandelt sind.[1]) Zugleich wurde die Spezifik der Determinismusproblematik für einzelne Wissenschaften weiter vertieft und die vorliegenden präzisierten philosophischen Erkenntnisse teilweise am Material einer oder mehrerer Wissenschaften überprüft bzw. vertieft.[2]) Auf der Grundlage der bereits erzielten philosophischen Erkenntnisse lassen sich weltanschauliche und ideologische Orientierungen für die Forschung formulieren und heuristische Hinweise ableiten, deren Tragweite noch im einzelnen zu prüfen ist. Einige der neuen Ergebnisse sind bereits unmittelbar praxiswirksam geworden.[3]) Das bedeutsamste Resultat der theoretischen Arbeiten zum Determinismusproblem besteht aber sicher darin, daß es gelungen ist, idealistische Kurzschlüsse und metaphysische Vereinfachungen über die gesetzmäßigen Zusammenhänge in der Natur, der Gesellschaft und im Denken zurückzudrängen. Die bisherigen Diskussionen um die Determinismusproblematik in unserer Republik waren stets in den Prozeß des immer tieferen Eindringens in die Theorie der materialistischen Dialektik und deren praktische Meisterung eingebettet.

Zweifelsohne ist die Theorie der materialistischen Dialektik bisher für die Erforschung der Determinismusproblematik noch keineswegs voll ausgeschöpft. (An welcher Stelle wäre das wohl aber für die philosophische

---

1968 – Struktur und Prozeß in den Naturwissenschaften und der Technik.
1971 – Gesetz und Entwicklung in Philosophie und Einzelwissenschaft.

[1]) H. Hörz, Der dialektische Determinismus in Natur und Gesellschaft. Berlin 1974 (1. Auflage Berlin 1962).
H. Korch, Das Problem der Kausalität. Berlin 1965.
G. Kröber (Hrsg.), Der Gesetzesbegriff in der Philosophie und den Einzelwissenschaften. Berlin 1968.

[2]) K. Fuchs-Kitowski, Probleme des Determinismus und der Kybernetik in der molekularen Biologie. Jena 1975.
U. Röseberg, Determinismus und Physik. Berlin 1975.

[3]) W. Griebe, H. Hörz, A. Lutzke, Neue Justiz 23/24 (1968).

Forschung zu behaupten?) Zweifelsohne haben auch die objektiven Entwicklungszusammenhänge in den bisherigen Arbeiten zur Determinismusproblematik nicht im Mittelpunkt der Untersuchungen gestanden. Darin liegt aber nicht – wie einige Kritiker meinen[1]) – ein prinzipieller Mangel in den theoretischen Ausgangspositionen des von Hörz u. a. versuchten Ansatzes. Vielmehr drückt sich in diesem Fakt eine Nowtendigkeit jeder Forschung aus, die bekanntlich von den einfachsten Zusammenhängen zu immer komplizierteren voranschreitet. Wer sich je praktisch davon überzeugen konnte, wie kompliziert das *philosophische* Determinismusproblem bereits mit den neuen Erkenntnissen der Quantenphysik geworden ist, wird leicht verstehen, welche Vorsicht geboten ist, die Präzisierung der dialektisch-materialistischen Determinismuskonzeption von Anfang an vor allem an Entwicklungszusammenhänge zu binden. Es geht zunächst darum, die Vielfalt der einfachsten Zusammenhangsformen auf der Ebene objektiver Strukturen und Bewegungen philosophisch zu analysieren und dabei zu berücksichtigen, daß diese Zusammenhänge immer in komplizierte Entwicklungszusammenhänge eingebettet sind. Methodologisch heißt das, daß es durchaus legitim ist, zunächst von den objektiven Entwicklungszusammenhängen abzusehen und die Grenzen eines solchen Herangehens zu bestimmen. In einem weiteren Schritt der Forschung müssen diese Grenzen dann konstruktiv aufgehoben werden.

Die erwähnten philosophischen Kritiken an diesem Vorgehen enthalten kein praktikables Alternativforschungsprogramm, das auch die Bedürfnisse der anderen Wissenschaften genügend respektiert. Deshalb scheint es angeraten, das bisherige Forschungsprogramm weiter zu verfolgen und dabei den international erreichten Forschungsstand der marxistisch-leninistischen Philosophie gebührend zu berücksichtigen.

---

[1]) G. Stiehler, DZfPh 1973/3; 1974/4; 1974/10–11 (siehe dazu: H. Hörz, DZfPh 1973/3; 1974/4; 1974/10–11).

Im Zentrum unserer Arbeiten zur Determinismusproblematik steht die philosophische Gesetzeskonzeption. H. Hörz hat versucht, den Gesetzesbegriff zu präzisieren,[1]) indem er unter einem Gesetz einen allgemein-notwendigen und wesentlichen Zusammenhang versteht (Grundprinzip), der für das Verhalten eines Systems eine Systemmöglichkeit angibt, die notwendig verwirklicht wird (dynamischer Aspekt), wobei für das Verhalten der Elemente des Systems eine Reihe von Möglichkeiten mit einer Wahrscheinlichkeitsverteilung existiert (stochastischer Aspekt) und jede zufällige Verwirklichung einer Möglichkeit durch ein Element einer bestimmten Wahrscheinlichkeit geschieht (probabilistischer Aspekt). Mit einem solchen, am Material der Physik präzisierten Gesetzesbegriff wird implizit auf die heuristische Funktion stochastischer Gesetze in anderen Wissenschaften aufmerksam gemacht und in aller Deutlichkeit auf die Tragweite des mathematischen Wahrscheinlichkeitskonzepts in anderen Wissenschaften hingewiesen. Es ist dringend erforderlich, die philosophischen Fragen dieses mathematischen Konzepts als auch seiner Anwendung in anderen Wissenschaften detailliert zu untersuchen. Dabei stößt man zwangsläufig auf den Zusammenhang statistischer Theorien mit den philosophischen Auffassungen über die Materiestruktur und die Struktur unserer Erkenntnis. Im Zusammenhang mit der zunehmenden Anwendung wahrscheinlichkeitstheoretischer und statistischer Forschungsmethoden lassen sich die philosophischen Auffassungen über die Materiestruktur und deren Widerspiegelung in den entsprechenden wissenschaftlichen Theorien präzisieren. Es muß vor allem die Frage beantwortet werden, worin die objektiven Voraussetzungen für die Anwendung der wahrscheinlichkeitstheoretischen und statistischen Forschungsmethoden liegen.

Für diese u. a. damit im Zusammenhang stehenden Pro-

---

[1]) H. Hörz, Marxistische Philosophie und Naturwissenschaften. Berlin 1974, S. 122.

bleme gibt die vorliegende Arbeit von J. V. Sačkov interessante und diskussionswürdige Lösungsvorschläge. Daher stellt sie eine wesentliche Ergänzung der bei uns bisher erschienenen Literatur zum Determinismusproblem dar. Sie ist hervorgegangen aus einer 1971 in Moskau erschienenen Publikation, die für die deutsche Ausgabe überarbeitet und ergänzt wurde. Die vom Autor seit langem verfolgten und teilweise dem deutschen Leser nicht unbekannten Grundgedanken haben nichts von ihrer Aktualität verloren. J. V. Sačkov hat in seinen Arbeiten die Anwendung wahrscheinlichkeitstheoretischer und statistischer Methoden in zahlreichen Gebieten wissenschaftlicher Forschung mit dem Struktur- und Systemkonzept konfrontiert. Er geht davon aus, daß die mathematische Wahrscheinlichkeitstheorie ein adäquater Apparat ist, um die Zusammenhänge zweier voneinander unterschiedener materieller Strukturniveaus abzubilden. Auf dieser Grundlage lassen sich die erkenntnistheoretischen und methodologischen Fragen sowohl der statistischen Physik als auch der Quantenmechanik sinnvoll erörtern. Zugleich wird der Gedanke nahegelegt, daß den wahrscheinlichkeitstheoretischen und statistischen Methoden in dem Maße prinzipielle Bedeutung zukommt, wie es darum geht, bei der Erforschung komplexer Objekte den Zusammenhang zweier oder mehrerer materieller Strukturniveaus wissenschaftlich zu erfassen. Es ist also zu vermuten, daß mit der Zunahme der Komplexität der Forschungsobjekte diese Methoden wachsende Bedeutung erlangen.

Die konkreten, weit über die Physik hinausreichenden Untersuchungen Sačkovs bekräftigen eine Erfahrung, die auch in den Forschungsarbeiten zu philosophischen Fragen der Wissenschaftsentwicklung in der DDR vielfach gemacht werden konnte: Die Fruchtbarkeit philosophischer Forschungsarbeit hängt davon ab, ob und wie es gelingt, ein philosophisches Problem über mehrere Wissenschaften zu verfolgen. Der erwähnte Ansatz hat den Autor von der Physik über die Biologie zur Kybernetik und

Systemtheorie geführt. Dabei sind keineswegs alle Probleme gelöst. Sie zu formulieren ist aber, wie J. V. SAČKOV feststellt, eine notwendige Voraussetzung ihrer zukünftigen Lösung. Die Lösung der behandelten und der lediglich formulierten erkenntnistheoretischen und methodologischen Probleme bei der Anwendung des mathematischen Wahrscheinlichkeitskonzepts in anderen Wissenschaften setzt weiter voraus, daß die entsprechenden Probleme für die Entwicklung des mathematischen Konzepts selbst befriedigend gelöst sind. Dazu gibt es noch nicht genügend Untersuchungen.[1])

Mit der vorliegenden Arbeit wird zugleich ein diskussionswürdiger Versuch zur Untersuchung der in der sowjetischen Literatur viel behandelten „allgemeinwissenschaftlichen Begriffe“ (z. B.: ‚Wahrscheinlichkeit‘, ‚Struktur‘ u. a.) vorgestellt. Die Auseinandersetzung um die vom Autor gewählte Behandlung seines Gegenstandes kann zur weiteren Klärung der Spezifik des philosophischen Gehalts von Analysen der Wissenschaftsentwicklung beitragen.

Der Herausgeber schuldet dem Autor Dank für zahlreiche Anregungen in einer über mehrere Jahre bereits währenden freundschaftlichen Zusammenarbeit. — Hinsichtlich der Übersetzung einer Reihe systemtheoretischer und kybernetischer Termini bleibt anzumerken, daß es zwischen dem Russischen und dem Deutschen nicht immer eindeutige Zuordnungen gibt. (Zum Beispiel управление — Steuerung, Regelung; сложность — Komplexität, Kompliziertheit u. ä.). Daraus ergeben sich aber keinerlei Probleme für das Verständnis der philosophischen Intentionen des russischen Originals. Die jeweiligen einzelwissenschaftlichen Intentionen der fraglichen Begriffe wurden mit dem Autor abgesprochen.

Berlin, im Januar 1977 ULRICH RÖSEBERG

---

[1]) Siehe auch: U. RÖSEBERG, Objektive Wahrscheinlichkeiten und die Dialektik von Struktur und Prozeß. In: Struktur und Prozeß. Berlin 1977.

Vorwort des Autors zur deutschen Ausgabe

Zu den wichtigsten Aufgaben unserer methodologischen Forschungsarbeit gehört es, die Besonderheiten in der gegenwärtigen Entwicklung wissenschaftlicher Kenntnisse aufzuzeigen und zu analysieren, die Gesetzmäßigkeiten dieser Entwicklung zu untersuchen und die logische Struktur theoretischer Systeme bloßzulegen. Die Lösung dieser Aufgaben ist inzwischen ohne eine Analyse der Wahrscheinlichkeitstheorie und ihrer Methoden undenkbar. Die Bearbeitung zahlreicher methodologischer Probleme der Wissenschaftsentwicklung ist heute eng mit einer Analyse des Einflusses der Wahrscheinlichkeitstheorie auf Inhalt und Form wissenschaftlicher Erkenntnisse verbunden.

In der vorliegenden Arbeit werden vor allem erkenntnistheoretische und methodologische Fragen behandelt, die im Zusammenhang mit Grundgedanken der Wahrscheinlichkeitstheorie, ihrer Methode und ihrer Anwendung in der naturwissenschaftlichen Forschung auftauchen. Besondere Aufmerksamkeit wird der wechselseitigen Beziehung des Wahrscheinlichkeitskonzepts und des System- und Strukturkonzepts gewidmet. Nach unserer Auffassung gelingt es im Lichte der allgemeinen Vorstellungen der System- und Strukturforschung am vollständigsten, den Sinn und die Bedeutung wahrscheinlichkeitstheoretischer Überlegungen in der wissenschaftlichen Forschung zu erschließen.

Die wahrscheinlichkeitstheoretischen Methoden haben mit ihrem Einzug in die Naturwissenschaft scharfe Diskussionen über ihre Begründungsproblematik provoziert. Besonders hart waren und sind die Auseinandersetzungen um die Determinismuskonzeption. Die Entwicklung der wahrscheinlichkeitstheoretischen Methoden hat zu einer wesentlichen Bereicherung unserer Vorstellungen über den Determinismus geführt, hat die Determinismuskonzeption geschmeidiger, beweglicher und damit wirksamer gestaltet. Unser Determinismusverständnis ist zutiefst dialektisch geworden. Trotzdem gibt es nach wie vor noch Vorurteile gegen den Gedanken eines durchgängigen Determinismus. Es wird sowohl die Möglichkeit verneint, die Determinismuskonzeption weiterzuentwickeln, als auch der Versuch unternommen, die wissenschaftlich neuen und allgemeineren Zusammenhangsformen auf den klassischen (starren, mechanischen LAPLACEschen) Determinismus zu reduzieren.

In den kapitalistischen Ländern ist — unter Philosophen und nicht selten auch unter Naturwissenschaftlern — die Meinung anzutreffen, daß der dialektische Materialismus mit dem mechanischen (starren) Determinismus, mit dessen Verneinung der fundamentalen Bedeutung des Zufalls und dem sich daraus ergebenden Fatalismus untrennbar verbunden sei. Eine solche Position hat beispielsweise J. MONOD in „Zufall und Notwendigkeit" vertreten. Sie wird auch in einer Reihe neuerer Publikationen zu philosophischen Fragen der Quantenmechanik wiederholt geäußert (z. B. J. M. JAUCH, Die Wirklichkeit der Quanten. München 1973; B. D'ESPAGNAT, Conceptual Foundations of Quantum Mechanics. California 1971).

Derartige Behauptungen werden aufgestellt, obgleich bei der Ausarbeitung der Grundlagen des dialektischen Materialismus von MARX, ENGELS und LENIN die Unzulänglichkeiten und Begrenztheiten des mechanistischen Materialismus aufgedeckt und überwunden wurden. In den heutigen Arbeiten dialektischer Materialisten sind diese Fragen hinreichend klar behandelt. Hier kann man auf die in den letzten Jahren in der Sowjetunion erschienene Serie „Der dialektische Materialismus und die moderne Naturwissenschaft" und auf entsprechende Arbeiten von Philosophen aus der DDR verweisen. Offenkundig streben unsere Opponenten in philosophischen Diskussionen aus einer Reihe von Gründen danach, die Auffassungen Andersdenkender zu vergröbern und zu verdrehen, um sie dann als primitiv und veraltet zu deklarieren. Die Geschichte hat gezeigt, daß das eine Position der Schwäche ist.

Wie sicher jedem sowjetischen Autor war es auch mir außerordentlich angenehm zu erfahren, daß eine deutsche Ausgabe meines Buches vorgesehen ist. Ich betrachte das als eine große Wertschätzung. Bei der Vorbereitung dieser Ausgabe wurden von H. Hörz, G. Klimaszewsky und U. Röseberg eine Reihe kritischer Anmerkungen und Wünsche geäußert, deren Berücksichtigung zur Verbesserung des Buches beigetragen haben. Es ist mir ein Bedürfnis, an dieser Stelle meinen Kollegen aus der DDR sehr herzlich für die erwiesene Unterstützung zu danken.

Moskau, November 1975 J. Sačkov

1. Wahrscheinlichkeit und Materiestruktur

1.1. Erkenntnistheoretisch-methodologische Problemstellung

Beim Versuch, die gegenwärtige Wissenschaft, ihre charakteristischen Besonderheiten und Entwicklungstendenzen von einem einheitlichen Standpunkt aus zu betrachten, stößt man auf ein erstaunliches Paradoxon. Einerseits wird man sehr schnell auf die Bedeutung wahrscheinlichkeitstheoretischer Überlegungen und Forschungsmethoden aufmerksam. Andererseits wird den Grundgedanken und den Methoden der Wahrscheinlichkeitstheorie in der Lehrpraxis und bei der Bearbeitung allgemeiner Probleme der Wissenschaft nur wenig Aufmerksamkeit gewidmet. Sie sind bislang nur selten in die Problemstellungen der Wissenschaftsmethodologie eingeflossen und werden von unserer Weltanschauung noch nicht in der erforderlichen Weise reflektiert. In diesem Sinne wurden die Gedanken und Methoden der Wahrscheinlichkeitstheorie stiefmütterlicher behandelt als weitaus „speziellere" Erkenntnisse der modernen Wissenschaft. Eine Vielzahl der prinzipiellen naturwissenschaftlichen Entdeckungen und Erkenntnisse ist in unserer wissenschaftlichen Weltanschauung philosophisch verallgemeinert. Beispielsweise wäre eine moderne Theorie des Raumes und der Zeit ohne eine Verallgemeinerung der Relativitätstheorie unvorstellbar. Ebenso wäre der Atomismus heute ohne die wesentlichen Schlußfolgerungen aus der Quantentheorie und der Elementarteilchenphysik undenkbar. Die wesentlichen Gedanken und Methoden der Wahrscheinlichkeitstheorie dagegen finden bisweilen, obgleich sie wesentlich abstrakter und allgemeiner sind, nur zaghaft Berücksichtigung in den weltanschaulichen Diskussionen unserer Tage. Mehr noch, selbst in glänzend verfaßten Übersichten zur Geschichte der Mathematik und der Situation im gegenwärtigen mathematischen Denken wird der Wahrscheinlichkeitstheorie außerordentlich wenig Aufmerksamkeit zuteil. Manchmal wird diese Theorie sogar nur außerhalb der wesentlichen Entwicklungslinien der Mathematikgeschichte betrachtet.

Auf dieses Problem hat beispielswiese B. V. GNEDENKO aufmerksam gemacht: „Den Mathematiklehrbüchern an den allgemeinbildenden Schulen und den Hochschulen ist nicht zu entnehmen, daß eine echte Revolution stattgefunden hat ... Ein junger Mensch von heute verbleibt danach etwa auf dem Entwicklungsniveau, das die Mathematik vor dreihundert, im besten Falle vor einhundert Jahren erreicht hat ... Die traditionellen Bildungsinhalte des mathematischen Unterrichtes an den Schulen und Hochschulen entstammen jener Zeit, als der deterministische Standpunkt LAPLACEscher Prägung vorherrschend war ... Heute gibt es in der Physik statistische Konzeptionen von allergrößter Wichtigkeit. Die Lehrpläne und Lehrbücher aber haben darauf praktisch nicht reagiert. Die statistische Physik, die Atomphysik und die Quantenmechanik benutzen einen umfangreichen wahrscheinlichkeitstheoretischen Apparat, der zur Grundlage des physikalischen Denkens wird. Die Mathematiker hingegen legen in ihren Kursen weiterhin fast ausschließlich traditionelle mathematische Verfahren dar. Es kann selbstverständlich nicht darum gehen, die Methoden der mathematischen Analysis zu verwerfen. Ihre Bedeutung hat weder in der Physik, noch in den technischen Wissenschaften, noch in der Ökonomie oder der Biologie abgenommen. Sie allein allerdings vermögen die realen Prozesse schon nicht mehr befriedigend zu beschreiben. Eine fundierte wahrscheinlichkeitstheoretische Bildung ist unabdingbar geworden."[1])

[1]) Б. В. Гнеденко, Вопросы математизации современного естество знания. В: Материалистическая диалектика и методы естественных наук. Москва 1968, стр. 201–204.

Der aufgezeigte Widerspruch führt zweifelsohne zu Schwierigkeiten bei der Erforschung der Wissenschaftsentwicklung. Daraus resultiert die Aufgabe, das Wesen des Wahrscheinlichkeitskonzepts und seine weltanschaulich relevanten Probleme zu analysieren.

In dieser Arbeit wird der Versuch unternommen, diese Problemstellung zu erhellen und Wege zu ihrer Lösung zu diskutieren. Dabei besteht der Sinn einer philosophischen Untersuchung vor allem darin, jene allgemeinen Vorstellungen über das Sein und das Bewußtsein herauszuarbeiten und zu analysieren, die die Entwicklung der Wahrscheinlichkeitstheorie notwendigerweise begleitet und ergänzt haben. Diese philosophische Analyse der Wahrscheinlichkeitskonzeption ist nur auf der Grundlage der Verallgemeinerung der Praxis und ihrer Einwirkung auf die Entwicklung der naturwissenschaftlichen Theorien und Vorstellungen möglich. Die wahrscheinlichkeitstheoretischen Konzeptionen sowie die entsprechenden einzelwissenschaftlichen Theorien und Methoden sind aber keine einfachen Folgen und schon gar keine Illustrationen oder Erscheinungsformen der Wirkung philosophischer Kategorien und Gesetze bzw. irgendwelcher anderer allgemeiner Konzeptionen. Sie stellen, so wie alle anderen einzelwissenschaftlichen Erkenntnisse auch, einen eigenständigen Wert dar. Sie bestimmen in charakteristischer Weise das Antlitz der Wissenschaft und bewahren den Glanz unmittelbarer lebendiger Kontakte mit der Natur.

Gleichzeitig aber besteht der Sinn solcher allgemeiner wissenschaftlicher Kategorien wie die Wahrscheinlichkeit nicht einfach darin, daß sie verkürzte codierte Darstellungen ermöglichen oder dazu beitragen, die unüberschaubare Vielfalt „primärer“ naturwissenschaftlicher Informationen zu ordnen. Die allgemeinen Kategorien drücken vielmehr einen bestimmten Aspekt, einen bestimmten Schnitt der objektiven Realität aus, der über relative Selbständigkeit verfügt und einer speziellen Analyse unterworfen werden kann. Allgemeines und Einzelnes, das sind außerordentlich tiefe Abstraktionen, die die Besonderheiten der Strukturen der objektiven Realität widerspiegeln. In der objektiven Realität stellt jedes materielle Gebilde, jedes Fragment dieser Realität eine unauflösliche Einheit von Allgemeinem und Einzelnem dar. Das eine kann weder ohne das andere noch auf Kosten des anderen existieren.

Es wird immer wieder betont, daß heute der Erkenntniszuwachs aller Wissenschaften außerordentlich stürmisch vonstatten geht. Die Erkenntnis des Spezifischen und des Allgemeinen über die Struktur und die Evolution der Materie ist zutiefst dynamisch geworden. Dort wo es eine solche dynamische Erneuerung unserer Kenntnisse über die Welt und den Erkenntnisprozeß selbst gibt, wo alles einer stürmischen Entwicklung unterworfen ist, da ist das Reich der Dialektik. So wie man anerkennt, daß die Wahrscheinlichkeitsauffassung auf eindrucksvolle Weise den Erkenntnisfortschritt stimuliert, ist klar, daß die Untersuchung ihres Wesens sich auf die Analyse von Problemen der Dialektik stützt. Mit anderen Worten: Die Erforschung der Wahrscheinlichkeit ist zunächst und vor allem eine Erforschung der materialistischen Dialektik, die die moderne Wissenschaft bewegt.

1.2. Über die Bedeutung der mathematischen Wahrscheinlichkeitskonzeption für die anderen Wissenschaften

Heute wird nahezu die gesamte Naturwissenschaft mit wahrscheinlichkeitstheoretischen Überlegungen durchdrungen, die sich auf die Entwicklung und die Anwendung der mathematischen Wahrscheinlichkeitstheorie stützen. Die erste naturwissenschaftliche Theorie, die wahrscheinlichkeitstheoretische Denkmethoden in die wissenschaftliche Forschung eingeführt hat, war die DARWINsche Evolutionstheorie. Sie enthielt in ihrer ursprünglichen Form allerdings noch keine analytische Formulierung des Problems. Das Problem der Evolution der organischen Welt ist außerordentlich kompliziert. In der DARWINschen Theorie wurden lediglich die phänomenologischen Ausgangsbegriffe formuliert. Das sind vor allem ‚Mutation', ‚Vererbung' und ‚Selektion'. Aber bereits die Analyse der Wechselbeziehungen zwischen diesen Begriffen ist ohne das sogenannte wahrscheinlichkeitstheoretische Denken unmöglich. Die Grundlagen eines solchen Verständnisses sind schon aus jenen bekannten Einschätzungen ersichtlich, die F. ENGELS auf der Basis einer dialektischen Konzeption über den inneren Zusammenhang von Notwendigkeit und Zufall gegeben hat.[1])

Die weitere Entwicklung wahrscheinlichkeitstheoretischer Überlegungen in der Biologie war mit der Herausbildung und der Entwicklung der Genetik verbunden, in die bereits die Methoden der mathematischen Wahrscheinlichkeitstheorie direkt Zugang gefunden haben. Die Gesetze der Genetik sind in ihrer Grundlage Wahrscheinlichkeitsgesetze. Auch die modernen Untersuchungen der Probleme der Evolution und Organisation von Lebewesen ist ohne Benutzung von wahrscheinlichkeitstheoretischen Methoden undenkbar.

Wenden wir uns der Physik zu, jener Wissenschaft, die die „elementarsten" Prozesse in der materiellen Welt erforscht und damit den gesamten Komplex der Naturwissenschaften revolutioniert. Der Wahrscheinlichkeitsbegriff faßte im Zusammenhang mit der Entwicklung der molekular-kinetischen Theorie, der klassischen statistischen Physik in der zweiten Hälfte des vergangenen Jahrhunderts in der Physik Fuß. Mit der Entwicklung dieser Theorie kam es zugleich zur endgültigen physikalischen Bestätigung des Atomismus. Es wurden auf dieser Grundlage direkte Beweise für die Realität der Atome und erste Daten über einige ihrer Strukturparameter gewonnen. Man kann also sagen, daß der Begriff der Wahrschein-

[1]) F. ENGELS, Dialektik der Natur. In: MEW. Berlin 1973, Bd. 20, S. 486–490, 563.

lichkeit dem Atom seinen Platz in der Wissenschaft bahnte, es zum Gegenstand direkter physikalischer Untersuchungen werden ließ.

Noch weitaus größere Bedeutung erlangte der Wahrscheinlichkeitsbegriff in der Mikrophysik, der Physik des Atoms und der Elementarteilchen. Die Gesetzmäßigkeiten der Mikroprozesse sind in der Quantentheorie am vollständigsten ausgedrückt, die den Begriff der ‚Wahrscheinlichkeit' auf prinzipielle Weise beinhaltet. Auf der Grundlage wahrscheinlichkeitstheoretischer Überlegungen werden in der Quantentheorie Mikroteilchen, ihre Zustände und Wechselwirkungen charakterisiert. Während in der klassischen Physik die Wahrscheinlichkeit noch manchmal als sekundäres Element bzw. als Fremdkörper in der Struktur der physikalischen Theorie verstanden wurde, der die innere Vollkommenheit und Schönheit der Theorie stört, wird in der moderenen Physik von Anfang an der Begriff der Wahrscheinlichkeit als eine der wesentlichsten Grundlagen der Struktur einer physikalischen Theorie angesehen.

In der Wissenschaftsentwicklung unserer Zeit kommt der Herausbildung der Kybernetik eine außerordentliche Bedeutung zu. Diese wissenschaftliche Disziplin bestimmt seit der Mitte des 20. Jahrhunderts das Gesicht der Naturwissenschaft in vielem und stimuliert die Synthese wissenschaftlicher Kenntnisse auf ganz besondere Weise. Bei der Ausarbeitung der Kybernetik waren wahrscheinlichkeitstheoretische Vorstellungen der Ausgangspunkt. Einige ihrer wesentlichen Richtungen, besonders die Informationstheorie, stellen Weiterentwicklungen der mathematischen Wahrscheinlichkeitstheorie dar. N. Wiener widmete eines seiner Bücher[1]) dem Einfluß der Gibbsschen Methode auf die Wissenschaftsentwicklung. Mit dem Namen Gibbs' verband er die Entwicklung und Behauptung einer Wahrscheinlichkeitskonzeption vom Aufbau der Welt und die Begründung physikalischer Kenntnisse.

---

[1]) N. Wiener, Mensch und Menschmaschine. Frankfurt/M. 1952.

Gegenwärtig werden intensiv Theorien entworfen, die unmittelbar Erfordernissen der Technikentwicklung entsprechen (z. B.: die Theorie automatischer Steuerung und die Zuverlässigkeitstheorie). Dabei gehören die Methoden der Wahrscheinlichkeitstheorie zu den Triebkräften dieser Entwicklung.

Die Bedeutung der Wahrscheinlichkeitstheorie innerhalb der Struktur der modernen Mathematik hat zugenommen. Doob sprach sogar scherzhaft davon, daß die Mathematik zum Teilgebiet der Wahrscheinlichkeitstheorie geworden sei.[1]) Auf jeden Fall aber läßt sich konstatieren, daß die Bedeutung der Wahrscheinlichkeitstheorie für eine Reihe mathematischer Disziplinen wächst.[2]) In der Mathematik werden abstrakteste Methoden des theoretischen Denkens entwickelt, die in den anderen Wissenschaften außerordentlich wirksam eingesetzt werden können. Demzufolge bedeutet die Zunahme der Rolle der Wahrscheinlichkeitstheorie in der Mathematik eine Veränderung in Struktur und Inhalt abstraktester Denkformen der Wissenschaft.

Die Wahrscheinlichkeitstheorie stimuliert also kurz gesagt gegenwärtig die Entwicklung eines ganzen Komplexes von Disziplinen, angefangen bei den Wissenschaften der anorganischen Natur über die Biowissenschaften bis zu den Gesellschaftswissenschaften. Fundamentale Theorien und naturwissenschaftliche Forschungsrichtungen, vor allem die Quantentheorie, die statistische Physik, die Evolutionslehre, die Genetik und das gesamte Forschungsprogramm zur Steuerung und Reglung, stützen sich in ihrer Grundlage auf die Gedanken und Methoden der Wahrscheinlichkeitstheorie. Der Fortschritt der Naturwissenschaften ist untrennbar mit der intensiven Nutzung und Entwicklung wahrscheinlichkeitstheoretischer Überlegungen verbunden. Heute ist es

---

[1]) Дж. Дуб. В: О некоторых вопросах современной математики и кибернетики. Москва 1965, стр. 15.

[2]) И. М. Яглом. В: О некоторых вопросах современной математики, стр. 14.

schwierig, ein Forschungsgebiet zu nennen, in dem wahrscheinlichkeitstheoretische Methoden nicht angewandt werden. Mehr noch, Gedanken und Methoden der Wahrscheinlichkeitstheorie anzuwenden ist eine der notwendigen Voraussetzungen für die Entwicklung einer Reihe fundamentaler wissenschaftlicher Theorien, deren Grundbegriffe entsprechend dieser mathematischen Theorie eingeführt wurden. Wahrscheinlichkeitstheoretische Überlegungen gestatten es, von einem neuen, allgemeineren Standpunkt ältere wissenschaftliche Konzeptionen zu betrachten. Den Begriff der ‚Wahrscheinlichkeit' selbst kann man ohne Übertreibung zum Banner der Naturwissenschaft des 20. Jahrhunderts erklären, mindestens bezogen auf die erste Hälfte dieses Jahrhunderts.

Darauf hat N. Wiener verwiesen, als er die erste große Revolution der Physik des 20. Jahrhunderts J. W. Gibbs zuschrieb.[1]) Nicht weniger charakteristisch ist die Auffassung W. Paulis, der im Brief an M. Born schrieb, er sei gewiß, „daß der statistische Charakter der ψ-Funktion und damit der Naturgesetze ... den Stil der Gesetze wenigstens für einige Jahrhunderte bestimmen wird. Es mag sein, daß man später, z. B. im Zusammenhang mit den Lebensvorgängen, etwas ganz Neues finden wird, aber von einem Weg zurück zu träumen, zurück zum klassischen Stil von Newton-Maxwell ... scheint mir hoffnungslos, abwegig, schlechter Geschmack."[2]) Dabei werden als statistische Gesetzmäßigkeiten jene Gesetzmäßigkeiten bezeichnet, die auf prinzipielle Weise den Wahrscheinlichkeitsbegriff enthalten. Wenn man anerkennt, daß der Wahrscheinlichkeitsbegriff eine außerordentlich große Rolle in der gegenwärtigen Wissenschaftsentwicklung spielt, muß man klären, welche Konsequenzen daraus der wissenschaftlichen Weltanschauung, der wissenschaftlichen Philosophie erwachsen. Es muß untersucht werden, wie der Wahrscheinlichkeitsbegriff in

[1]) N. Wiener, Mensch und Menschmaschine. Frankfurt/M. 1952.

[2]) M. Born, Physik im Wandel meiner Zeit. Braunschweig 1966, S. 144.

unsere Weltanschauung zu integrieren ist und worin die objektiven Grundlagen wahrscheinlichkeitstheoretischer Konzeptionen liegen. Indem man diese Fragen beantwortet, vermag man dazu beizutragen, das Geheimnis des Erfolges wahrscheinlichkeitstheoretischer Überlegungen in der modernen Wissenschaft aufzuklären.

1.3. Wahrscheinlichkeit und Mathematik

Der Erfolg wahrscheinlichkeitstheoretischer Konzeptionen in der Wissenschaft ist eng mit der Tatsache verbunden, daß sich diese Konzeptionen auf einen entwickelten mathematischen Apparat stützen können, also bei der Erforschung entsprechender Prozesse mathematische Denkmethoden anzuwenden gestatten. Die Entwicklung wahrscheinlichkeitstheoretischer Konzeptionen in zahlreichen Wissenschaften demonstrieren vor allem die Möglichkeiten und die Kraft der Mathematik. Eine Analyse des Wesens der Wahrscheinlichkeit setzt also Vorstellungen vom Wesen der Mathematik voraus.

Manchmal wird noch die Auffassung vertreten, daß die Nutzung der mathematischen Wahrscheinlichkeitstheorie in der Naturwissenschaft lediglich eine Frage der Anwendung sei, jedoch keinerlei prinzipielle Bedeutung besitze. Man nimmt also in diesem Fall an, daß die Wahrscheinlichkeit lediglich für die Berechnungstechnik von Belang sei, aber keinerlei Bedeutung für das Verständnis des Wesens der entsprechenden Erscheinungen besitze. Den Methoden und Gedanken der Wahrscheinlichkeitstheorie kommt jedoch in Wirklichkeit prinzipielle Bedeutung innerhalb der Struktur der Mathematik zu. Die „Anwendung" dieser mathematischen Theorie unterscheidet sich nicht von anderen „Anwendungen" der Mathematik in den Einzelwissenschaften. Deshalb ist in diesem Zusammenhang das allgemeine Problem des Wesens der Mathematik zu erörtern.

Die Frage nach dem Wesen der Mathematik gehört aber

keinesfalls zu den einfachen Fragen. Das Wesen der Mathematik kann nicht tiefgründig erschlossen und verstanden werden, wenn man nicht die Frage nach dem Wesen des theoretischen Wissens, der Theorie im allgemeinen behandelt hat.

Gegenwärtig wird vor allem unter den materialistisch denkenden Wissenschaftlern anerkannt, daß die Theorie einen eigenständigen Wert besitzt, relativ autonom ist. Ihr Sinn und ihre Bedeutung besteht im Gegensatz zu positivistischen Konzeptionen nicht in seiner einfachen Registratur von Erfahrungstatsachen, deren Klassifikation, Systematisierung und verkürzten Darstellung. Ihr Sinn ist weitaus tiefer und wird nur über die Analyse ihrer Funktion für die Erklärung und Vorhersage erschlossen. Die Theorie ist eine höchst dynamische, systematisierte und sich entwickelnde abstrakte (gedankliche) Rekonstruktion (Widerspiegelung, Reproduktion, Modellierung) der Welt. Die gegenwärtigen theoretischen Kenntnisse sind hinreichend entwickelt und bilden ein außerordentlich kompliziertes, relativ geschlossenes und zu innerer Entwicklung fähiges System. Jede Theorie verfügt über ihre inneren Quellen der Entwicklung, einen eigenen Inhalt und ein entsprechendes Instrumentarium. Die „Eigenständigkeit“ der Theorie, ihre relative Autonomie kommt vor allem in der Existenz und Entwicklung der Mathematik zum Ausdruck.

Diese Feststellung führt zur Frage nach der Gegenstandsbestimmung der Mathematik. Aber selbst eine einfache Definition des Gegenstandes dieser Wissenschaft stößt auf erhebliche Schwierigkeiten und sagt in der Regel jemandem wenig, der die Früchte dieser Wissenschaft noch nicht genossen hat.

Die Mathematik verfügt über eine innere und eine äußere Begründung. Dementsprechend kann eine vollständige Definition der Mathematik nur auf der Basis einer dialektischen Synthese dieser beiden Komponenten gegeben werden.

In den gegenwärtigen Definitionen der Mathematik auf

der Basis ihrer inneren Begründung wird u. a. hervorgehoben, daß sie eine Wissenschaft von den abstrakten Strukturen, deren Funktionsgesetzen, deren Entwicklung und der mit ihnen ausgeführten Operationen, eine Wissenschaft von abstrakten Objekten und deren wechselseitigen Zusammenhängen, eine Wissenschaft von Operationen (Handlungen, Rechenregeln) mit Objekten genügend allgemeiner Natur sei.

Die abstrakten Objekte der Mathematik, die die entsprechenden Strukturen bilden, sind Zahlen, Größen, Vektoren, hyperkomplexe Systeme, Mengen, Gruppen usw. Die Zusammenhänge zwischen ihnen, die die Operations- und Handlungsweisungen mit ihnen bestimmen, werden durch solche Begriffe wie Addition, Multiplikation, Division, Vereinigung, Transformation usw. ausgedrückt. Es muß nicht besonders betont werden, daß das materialistische Herangehen an das Wesen der Mathematik darauf beruht, diese Objekte und Zusammenhänge als Abbildungen, Muster, Modelle bestimmter Klassen materieller Objekte und Systeme anzusehen, die aber wesentlich von der konkreten physikalischen Natur dieser Objekte und Systeme abstrahieren und in dieser Abstraktheit ihre Kraft gewinnen.

Die Untersuchung der äußeren Begründung der Mathematik, eines anderen Aspektes ihrer Gegenstandsbestimmung, geht davon aus, den Platz und die Bedeutung dieser Wissenschaft im System der anderen Wissenschaften zu bestimmen. In den mathematisierten naturwissenschaftlichen Theorien, vor allem in der Physik, wird jeweils der Kern der wissenschaftlichen Theorien in Gestalt der Grundgleichungen mathematisch formuliert. Der Wert der Mathematik besteht in diesen Bereichen vor allem darin, daß die abstrakten mathematischen Objekte und Beziehungen das Gerüst, die innere Organisation unserer Kenntnisse über die entsprechenden Naturprozesse stellen.

Was bisher über den Gegenstand der Mathematik ausgeführt wurde, widerspiegelt vor allem die Statik, nicht aber die Dynamik dieser Wissenschaft. Für ein dialektisches Herangehen an das Wesen der Mathematik ist nicht nur und keinesfalls besonders vorrangig von Bedeutung, daß die Objekte sehr abstrakt sind und ein Gerüst in bestimmten Systemen von Erkenntnissen darstellen. Keinesfalls weniger bedeutsam ist, wie die historische Entwicklung, Vervollkommnung und der Wandel dieser Objekte zustandekommt, wie neue Objekte entworfen und alte verändert werden.

Bei der Behandlung der Wechselwirkung der Mathematik mit anderen Gebieten, bei ihrer Anwendung in anderen Wissenschaften muß man unbedingt den historischen Charakter ihres Gegenstandes im Auge behalten. Im Prozeß der Wissenschaftsentwicklung geht ein Wechsel jener mathematischen Disziplinen vonstatten, die besonders eng mit der Entwicklung der Naturwissenschaft zusammenhängen. So sind für die klassische Mechanik die Anwendung der gewöhnlichen klassischen Analysis (der Differential- und Integralrechnung) charakteristisch; für die klassische MAXWELLsche Elektrodynamik die Vektoranalysis; für die Relativitätstheorie die Tensoranalysis, für die Quantenmechanik die Theorie der HILBERT-Räume und für die Elementarteilchentheorie die Gruppentheorie und die Theorie spezieller Funktionen. Dementsprechend setzt die Mathematisierung, der Übergang zur mathematischen Untersuchung neuer materieller Objekte oftmals auch die Entwicklung neuer mathematischer Theorien voraus.

Die Mathematik ist in sich geschlossen, verfügt über bestimmte Gesetzmäßigkeiten ihres Aufbaus und ihrer Entwicklung. Das ermöglicht die ständige Erweiterung ihres Anwendungsbereiches und macht zugleich ihre Kraft aus. Die Mathematisierung neuer Wissenschaftsbereiche setzt zunächst die Anwendung des gesamten bereits entwickelten Arsenals mathematischer Mittel voraus. Die konsequente Anwendung alter, nicht immer völlig adäquater mathematischer Methoden führt oftmals in neu erschlossenen Bereichen zu einem außerordentlich verworrenem Bild. Die neuen, verallgemeinerten Methoden gestatten es dann, tiefer in das Wesen der Erscheinungen einzudringen und damit auch das auf der Grundlage der alten Methoden erhaltene Bild zu vereinfachen.

Wenn bei der Mathematisierung der Wissenschaft der Entwicklung neuer mathematischer Gebiete so große Bedeutung beigemessen wird, dann ist für das Verständnis des Wesens der Mathematik auch dem sogenannten induktiven (im Gegensatz zum deduktiven) Denken größte Aufmerksamkeit zu widmen. Dessen ungeachtet, kann man verschiedentlich die Behauptung antreffen, daß die Mathematik eine durchgängig deduktive Wissenschaft sei. Solche Auffassungen sind mit der Vorherrschaft der axiomatischen Methode im Aufbau mathematischer Theorien verbunden und stellen im Prinzip eine bestimmte Interpretation dieser Tatsache dar. Das Wesen der axiomatischen Methode läßt sich aber keinesfalls auf den deduktiven Aspekt dieser Methode einschränken.[1]) Die Deduktion sagt lediglich etwas über eine bestimmte innere Ordnung der Mathematik aus, nicht mehr. Das Wesen mathematischer Begriffe, ihr Zusammenhang und ihre Entwicklungsgesetzmäßigkeiten können allein aus der Deduktion nicht erschlossen werden. In der Mathematik ergänzen und bedingen Induktion und Deduktion einander ebenso wie in allen anderen Wissenschaftsgebieten.

Dementsprechend kann der Mathematisierungsprozeß und die einfache Anwendung bereits „fertiger" mathematischer Disziplinen in der Naturwissenschaft keinesfalls lediglich auf Berechnungsprozeduren reduziert werden, obwohl diese sehr wichtig sind. Bevor man mit Berechnungen beginnt, muß man die mathematischen und die eigentlichen naturwissenschaftlichen Vorstellungen zusammenführen und Begründungen für die jeweils gewählten Formen liefern. Das ist deduktiv nicht zu erreichen. Die Mathematik zeigt ihre Wirksamkeit nicht nur und

---

[1]) Р. Курант, Математика в современной жизни. УФН 1965, т. 85, вып. 2, стр. 335–349.

nicht vorrangig darin, eine strenge Ordnung herzustellen. Ihre Kraft liegt vor allem darin, Wissenszuwachs zu gewährleisten, die Erkenntnisse über die Natur und die Gesellschaft zu vertiefen.

Die Besonderheiten des mathematischen Denkens zeigen sich klar an der vordersten Front des Eindringens in Unbekanntes. Die mathematische Eroberung neuer „Territorien" in der Naturwissenschaft stützt sich auf deren gründliche Erforschung mit naturwissenschaftlichen Methoden. Mehr noch: Die mathematische Untersuchung neuer Probleme setzt im allgemeinen die ständige Wechselwirkung von mathematischen und eigentlich naturwissenschaftlichen Ideen voraus. Diese Wechselwirkung findet nicht nur bei der Problemstellung, sondern auch bei der Problemlösung statt, bei der notwendige Korrekturen der Forschungsarbeit vorgenommen werden. Die erhaltenen Resultate unterliegen ebenfalls einer nochmaligen Kontrolle. Rein mathematischen Lösungen vertraut in der Regel niemand ohne zusätzliche Überprüfung.

Verschiedentlich wird die Mathematik wahrscheinlich deshalb ausschließlich als deduktive Wissenschaft angesehen, weil für die Beschreibung von Eigenschaften und Relationen der analytische Apparat (Zeichen, Symbole und deren Systeme) umfassend eingesetzt wird. Manche Autoren behaupten, daß die Benutzung analytischer Formen zur Beschreibung von Begriffen der Wissenschaft diese Begriffe tötet. Das kann man allerdings auch tun, ohne zu analytischen Mitteln zu greifen. Jeder formale Umgang mit Begriffen vermag sie ihres Lebens zu berauben. Analytische, formalisierte Ausdrücke sind notwendige Momente bei der Entwicklung von Begriffen und deren Beziehungen. Für Begriffe und Beziehungen, die analytisch ausgedrückt sind, kann die von der Dialektik ausgearbeitete Lehre von den Begriffen und deren Zusammenhängen voll angewendet werden.

Analytische Formelausdrücke charakterisieren den relativ stabilen Inhalt der Begriffe. Sie schöpfen dabei den Inhalt der mathematischen Begriffe nicht voll aus.

Um das Wesen der Mathematik zu erfassen, muß man nicht zuletzt den Zusammenhang der mathematischen Theorien mit der Theorieentwicklung anderer Wissenschaften verstehen. Das Beispiel der Mathematisierung der Physik besagt nicht nur, daß bestimmten physikalischen Theorien ihre eigene Mathematik entspricht. Wesentlich bedeutsamer ist, daß die entsprechenden Gebiete der Mathematik in ihren Grundzügen unabhängig von der Entwicklung physikalischer Theorien vorher entstanden sind. Die Benutzung solcher mathematischer Theorien wurde sehr oft zur notwendigen Bedingung für die Entwicklung der physikalischen Theorien. Die Mathematik ist der Entwicklung der Physik vorausgeeilt. In der Geschichte der Physik hat es mehrfach eine erstaunliche Übereinstimmung der Mathematik mit der experimentellen Wirklichkeit gegeben. Gerade in einer solchen Antizipation kommt die ganze Kraft der Theorie, ihre relative Autonomie und die Unabhängigkeit ihrer Entwicklung zum Ausdruck.

Die Anerkennung dieses Faktors besagt, daß, obgleich der Begriff der Mathematik Muster und Modelle der materiellen Welt umfaßt, die Entwicklung neuer mathematischer Begriffe und Vorstellungen keineswegs auf deren einfache Herleitung aus irgendeinem Gebiet neuer experimenteller wissenschaftlicher Fakten zurückgeführt werden kann.

Bourbaki beispielsweise stellte fest: „Vor dem Beginn der revolutionären Entwicklung der modernen Physik ist nicht wenig Mühe darauf verwandt worden, dem Wunsche zu folgen, die Mathematik um jeden Preis aus Erfahrungsdaten zu begründen. Aber einerseits hat die Quantenphysik gezeigt, daß diese ‚makroskopische' Intuition von der Wirklichkeit die ‚mikroskopischen' Erscheinungen verdeckt, die völlig anderer Natur sind. Für deren Untersuchung nun benötigt man solche Gebiete der Mathematik, die wahrscheinlich mit dem Ziel, sie für experimentelle Wissenschaften anzuwenden, niemals entworfen wären. Andererseits hat die axiomatische

Methode gezeigt, daß die ‚Wahrheiten', aus denen die Mathematik begründet werden sollte, lediglich einen außerordentlich speziellen Aspekt allgemeiner Konzeptionen darstellen, deren Anwendung keineswegs nur auf diesen Spezialfall eingeschränkt sind. Letztlich ... sind die Beziehungen zwischen den Wissenschaften wesentlich vermittelter als das a priori erscheinen mag."[1])

Zweifelsohne liegen die Ursachen einer solchen Übereinstimmung außerordentlich tief in der Natur der Materiestruktur und den Formen ihrer Erkenntnis selbst. Insbesondere sind diese Ursachen mit einer weitgefaßten Isomorphie einzelner Fakten der Wirklichkeit mit einer bestimmten Plastizität der Übergänge zwischen „benachbarten" Gebieten u. ä. gegeben.

Da sowohl das Vorauseilen als auch die Übereinstimmung der Mathematikentwicklung im Kontakt mit der Naturwissenschaft anerkannt wird, beinhaltet die Analyse des Mathematisierungsprozesses auch die Untersuchung der Quellen für die Mathematikentwicklung.

Wenn man von den Quellen der Mathematikentwicklung spricht, so muß man unbedingt die äußeren und die inneren im Auge haben. Die inneren Quellen der Entwicklung sind mit einer ständig fortschreitenden Vervollkommnung ihrer Grundlagen, mit einer strengen Begründung früher bereits erhaltener Schlußfolgerungen, mit Verallgemeinerungsprozessen, mit einer Wechselwirkung und gegenseitigen Durchdringung verschiedener Gebiete der Mathematik verbunden. Besonders fruchtbar ist die Wechselwirkung von Diskontinuität und Kontinuität, der algebraischen und der geometrischen Axiome.

Mathematische Ideen und ganze mathematische Disziplinen können bei der Analyse solchen faktischen Materials entstehen, dem man anfangs keine große Bedeutung beimißt. Die Entwicklung der Grundlagen der Wahrscheinlichkeitstheorie ist dafür ein typisches Beispiel.

---

[1]) Н. Бурбаки, Архитектура математики. В: Очерки по истории математики. Москва 1963, стр. 258.

Diese Theorie hat sich ähnlich wie andere mathematische Disziplinen aus den Anforderungen der Praxis entwickelt.[1])

Der Anfang einer systematischen Untersuchung von Aufgaben aus dem Bereich zufälliger Massenerscheinungen und die Entwicklung eines entsprechenden mathematischen Apparates fällt in das 17. Jahrhundert. Zu Beginn dieses Jahrhunderts bereits versuchte GALILEI, die Fehler physikalischer Messungen einer wissenschaftlichen Untersuchung zu unterziehen. Er betrachtete sie als zufällige Fehler und bewertete deren Wahrscheinlichkeit. Gleichzeitig wurden damals erste Versuche gemacht, eine allgemeine Versicherungstheorie zu entwerfen, die auf der Analyse von Gesetzmäßigkeiten in solchen Erscheinungen wie Erkrankung, Tod, Unfällen u. a. beruhte. Die Notwendigkeit, einen mathematischen Apparat zu schaffen, der für die Analyse zufälliger Erscheinungen geeignet war, ergab sich auch bei Bearbeitung und Verallgemeinerung eines umfangreichen statistischen Materials in anderen Gebieten der Wissenschaft.

Die Wahrscheinlichkeitstheorie als mathematische Wissenschaft allerdings entwickelte sich nicht vorrangig auf der Grundlage des Materials der genannten praktischen Aufgaben. Diese Aufgaben waren viel zu kompliziert. In ihnen sind die Gesetze, die die zufälligen Erscheinungen steuern, nicht genügend klar. Sie werden von einer Vielzahl von Faktoren überlagert, die die Analyse der gesetzmäßigen Zusammenhänge erschweren. Es war deshalb erforderlich, die Gesetze zufälliger Erscheinungen zunächst an einem einfacheren Material zu erforschen. Das waren historisch die Hasardspiele. Diese Spiele sind so beschaffen, daß ihr Ausgang nicht beeinflußbar ist, daß er rein zufällig ist. „Le hasard“ bedeutet im Französischen „Zufall“. Im Deutschen werden diese Spiele wegen ihres zufälligen Ausganges Glücksspiel genannt. Diese Glücksspiele liefern außerordentlich einfache und durchsichtige Modelle für zufällige Erscheinungen. Sie ermög-

---

[1]) Е. С. Вентцель, Теория вероятностей. Москва 1964, стр. 17–18.

lichen es, relativ einfach die sie beherrschenden Gesetze zu ermitteln. Die Möglichkeit, ein und dasselbe Spiel unbegrenzt häufig zu wiederholen, garantiert eine experimentelle Überprüfung dieser Gesetze unter den Bedingungen echter Massenhaftigkeit der Erscheinungen. Bis auf den heutigen Tag werden deshalb die Glücksspiele und die ihnen analogen „Urnenmodelle" genutzt, um die Wahrscheinlichkeitstheorie einzuführen und zu entwickeln.

Für die Entwicklung neuer mathematischer Begriffe und Vorstellungen kommt der mathematischen Intuition allergrößte Bedeutung zu. Welches Ausgangsmaterial dazu am zweckmäßigsten zu benutzen ist, darüber urteilen allein die Mathematiker. Es ist durchaus möglich, daß die heute übliche häufige Hinwendung zur mathematischen Analyse der Struktur und der Gesetze der Umgangssprache auch solch einem Ziel dient.

Selbstverständlich ist die Auswahl einfacher Modelle, die möglichst keinerlei zusätzliche komplizierte Faktoren mehr enthalten und als Grundlage für die Entwicklung neuer Vorstellungen dienen können, nicht nur für die Mathematik charakteristisch. Es ist gut bekannt, welche „Dienste" der klassischen Genetik die Drosophila und der modernen Genetik die Mikroorganismen geleistet haben. In der Ökonomie kommt eine derartige Rolle den einfachsten ökonomischen Produktionsmodellen zu. Eine Quelle der Mathematikentwicklung ist schließlich auch in deren unmittelbarer Wechselwirkung mit der Praxis der Naturwissenschaft zu suchen. Die Anwendung einer mathematischen Theorie stellt diese vor spezielle Aufgaben, die manchmal dann die Theorie in einem neuen Licht erscheinen lassen. Neue Aufgaben führen dabei zu neuen Verallgemeinerungen.

Zusammenfassend kann man sagen, daß die Mathematik nicht so sehr eine bestimmte einzelne wissenschaftliche Disziplin oder ein bestimmtes Gebiet wissenschaftlicher Forschung darstellt. Sie verkörpert vielmehr vor allem einen bestimmten Denkstil, eine bestimmte Form des theoretischen Denkens, die durch ein hinreichend hohes

Entwicklungsniveau gekennzeichnet ist. Diese Auffassung ist natürlich keineswegs neu; sie wird aber in letzter Zeit vor allem im Zusammenhang mit der Einbeziehung mathematischer Methoden in immer neue Gebiete der wissenschaftlichen Forschung und bei der Überwindung der relativen Isolation der Mathematik besonders stark betont. V. M. GLUŠKOV beispielsweise schrieb: „Was macht wohl die Mathematik zu einem solch universellen und mächtigen Forschungsinstrument? Eine der tiefsten und genauesten Feststellungen über ihren Platz im System der Wissenschaften geht auf den berühmten Physiker NIELS BOHR zurück: ‚Die Mathematik ist mehr als eine Wissenschaft, sie ist die Sprache der Wissenschaft.' Auf den ersten Blick mag es scheinen, daß in dieser Bestimmung nichts Besonders enthalten sei. Schließlich schafft jede Wissenschaft ihre eigene Sprache in Form einer speziellen Terminologie, verkürzter symbolischer Bezeichnungen usw. ... Die Sprache der Mathematik allerdings verfügt über eine nur sie auszeichnende Besonderheit. Mit den Anstrengungen vieler Generationen von Mathematikern wurde auf ihrer Grundlage ein harmonisches Gebäude deduktiver Konstruktionen errichtet. Deshalb steht dem Wissenschaftler immer dann, wenn eine konkrete Aufgabe eines Wissenschaftsgebietes in dieser Sprache formuliert werden kann, ein bestimmter Teil des Gebäudes in Form eines entsprechenden mathematischen Apparates zur Verfügung ... Deshalb kann man BOHRS Satz vervollständigen: ‚Die Mathematik ist mehr als eine Sprache, sie ist eine Sprache mit einem über ihr errichteten Gebäude deduktiver Konstruktionen'. Die Möglichkeiten und Perspektiven der Mathematik in anderen Wissenschaften erweisen sich deshalb eng verbunden mit zwei innermathematischen Problemen — der weiteren Entwicklung ihrer Sprache und der ständigen Entwicklung und Vervollkommnung des über ihr errichteten Gebäudes."[1])

[1]) В. М. Глушков, Вестник Академии наук СССР, № 9, 1974, стр. 3–4.

Die allgemeinen Vorstellungen über das Wesen der Mathematik und der Mathematisierung muß man bei der Analyse der Erfolge der Wahrscheinlichkeitskonzeption in den Wissenschaften unbedingt berücksichtigen. Diese Konzeption wäre nicht so fruchtbar, wenn sie nicht eine mathematische Ausdrucksform besäße, wenn sie nicht aufs engste mit der Mathematik verbunden wäre. Die Grundbegriffe der Wahrscheinlichkeitstheorie besitzen wie alle mathematischen Begriffe einen außerordentlich abstrakten und allgemeinen Charakter. Sie sind weit von der konkreten Natur realer Erscheinungen entfernt. Gerade diese Abstraktheit aber gibt ihnen die erforderliche Kraft und Elastizität, nicht von einem eng begrenzten Gebiet der Erscheinungen abhängig zu sein, sondern in die innere Architektur vielfältiger Klassen von Erscheinungen eindringen zu können. Die mathematische Natur der Wahrscheinlichkeit ist zwar eine notwendige Bedingung des Erfolges von Wahrscheinlichkeitskonzeptionen, erklärt aber deshalb nocht nicht die Ursachen dieses Erfolges. Um diese Ursachen aufzuklären, müssen wir auf die Frage antworten, warum gerade eine solche Mathematik, ein solcher analytischer Apparat, eine solche Richtung der mathematischen Forschung benutzt und entwickelt wird.

1.4. Wahrscheinlichkeit und die Entwicklung der Auffassungen zur Materiestruktur

Die Geschichte der Naturwissenschaft, insbesondere der Physik, zeugt davon, daß die fundamentalen naturwissenschaftlichen Ansätze eine entsprechende Entwicklung der Philosophie voraussetzen und sich auf diese stützen. Auf dieser Grundlage lassen sie sich besser begründen und fassen in der Wissenschaft leichter Fuß.

Allen, die sich gegenwärtig für die philosophischen Probleme der Naturwissenschaft interessieren, ist die nachhaltige Wirkung theoretischer Konzeptionen der Physik (insbesondere der Relativitäts- und der Quantentheorie) auf das wissenschaftliche Denken zu Beginn unseres Jahrhunderts bekannt. Die Herausbildung der beiden Theorien war bekanntlich mit der Ausarbeitung neuer Vorstellungen über die objektive Realität und deren Erkenntnis verbunden. Die Relativitätstheorie führte zur weiteren Entwicklung der philosophischen Raum- und Zeitvorstellungen. Das war eine der Voraussetzungen, die Relativitätstheorie selbst voll zu verstehen. In der klassischen Physik waren Raum- und Zeitvorstellungen üblich, die von den Formulierungen NEWTONS ausgingen und sich auf die klassische Mechanik stützten. In dieser Konzeption wurde der Raum als Behältnis aller materiellen Körper und Prozesse unterstellt, das absolut unbeweglich sein sollte und über die Eigenschaft der Homogenität und Isotropie verfügen sollte. Die Struktur des Raumes wurde ausschließlich über die euklidische Geometrie bestimmt. Die Zeit wurde ebenfalls als Absolutum unterstellt. Sie galt als das Maß von Ereignissen und verfloß gleichmäßig von der Vergangenheit zur Zukunft. Raum und Zeit galten also als absolute Bezugssysteme für das gesamte Universum gleichzeitig.

Die Entwicklung der Raum- und Zeitauffassungen kam vor allen Dingen in der Aufgabe des absoluten Raumes und der absoluten Zeit zum Ausdruck. Der euklidischen Geometrie wurde der Nimbus der Universalität für die Bestimmung räumlicher Beziehungen genommen. Neue, höhere Geometrien erlangten fundamentale Bedeutung. Die Eigenschaft der Gleichzeitigkeit wurde in ihrer Relativität erkannt. All das hat es gestattet, den Sinn und die Bedeutung der wesentlichen Erkenntnisse der Relativitätstheorie richtig zu erfassen. Das war insbesondere die Voraussetzung, den Sinn der LORENTZ-Transformationen als Kern der neuen Theorie zu verstehen.

Analog dazu erforderte die Herausbildung der Quantentheorie eine Entwicklung der Grundpositionen des Atomismus als Lehre von den Prinzipien der strukturellen Organisation der Materie und den Vorstellungen über die Natur objektiver Gesetzmäßigkeiten. Die Quantenmechanik hat zu einer Synthese von Kontinuität und Diskontinuität in den fundamentalen Vorstellungen über die „Bausteine des Weltgebäudes" geführt. Sie hat gleichzeitig die Wahrscheinlichkeitsauffassung organisch in den Begriff der Gesetzmäßigkeiten eingeführt. Nur auf dieser Grundlage ist es gelungen, Sinn und Bedeutung der Wellenfunktion und der Unbestimmtheitsrelation in der Quantenmechanik zu erschließen.

Die Theorieentwicklung ist keinesfalls auf einen einfachen Informationszuwachs zu der früher bereits gewonnenen Information zu reduzieren. Entsprechend entwickelte Bereiche unseres Wissens bilden ein bestimmtes System mit relativ stabilen Beziehungen zwischen den einzelnen Komponenten. Neue Theorien, die in dieses System eingehen, führen zu seiner Umstrukturierung. Je bedeutsamer ein solcher Schritt in der Wissenschaftsentwicklung ist, um so umfassender und tiefer wird auch die damit verbundene Strukturveränderung des jeweiligen Wissenssystems sein. Gleichzeitig ist das Fundament dieses Systems zu vervollkommnen. Die Entwicklung fundamentaler Erkenntnisse ist ein zutiefst dialektischer Prozeß. Sie beinhaltet Momente der Veränderung und der Erhaltung, der Vereinbarkeit des Neuen mit dem Alten und der grundsätzlichen Erneuerung. Am kompliziertesten ist dabei die Entstehung von prinzipiell Neuem zu fassen. Ohne die speziellen Ideen, Theorien und Forschungsmethoden durch eine Weiterentwicklung der Grundlagen unserer Kenntnisse zu ergänzen, können wir weder das eine noch das andere richtig bewerten.

Die Vervollkommnung der grundlegenden prinzipiellen Aussagen über die Materie und ihre Erkenntnis ist eine unveräußerliche Bedingung einer aktiven Beziehung der Philosophie zu den anderen Wissenschaften. „Im Vorwärtsschreiten haben wir" — mit den Worten des hervorragenden sowjetischen Physikers I. E. Tamm — „vieles in den Grundlagen unserer Auffassungen zu verändern."[1])

[1]) И. Е. Тамм, Нильс Бор и современная физика. В: Развитие современной физики. Москва 1964, стр. 8.

Wenn man sich das nicht vergegenwärtigt, wird man sich nur schwerlich in den Diskussionen über philosophische Probleme der Naturwissenschaft orientieren können.

Die Diskussion zwischen A. EINSTEIN und N. BOHR über Fragen der Interpretation der Quantentheorie ist ebenso bekannt wie die Tatsache, daß die Mehrzahl der theoretischen Physiker, die an der Ausarbeitung der Quantentheorie und ihrer Anwendung beteiligt waren, dabei BOHRS Standpunkt teilten. Die entscheidende Ursache dafür ist in seinem konzeptionellen Herangehen zu suchen. N. BOHR bestand darauf, die Begründung der neuen Theorie mit Hilfe veränderter erkenntnistheoretischer Methoden auszuarbeiten.

Der Aufruf zu einem neuen Denkstil in der Physik imponierte vor allem den schöpferischen Kräften. V. A. FOK schrieb: „Alle Arbeiten von BOHR zeichnen sich durch einen zutiefst dialektischen Gehalt aus. Er scheut nicht vor Widersprüchen zurück, die dann auftauchen, wenn man sich neuen Naturerscheinungen mit alten Begriffen und Anschauungen nähert, sondern sucht vielmehr die Lösung dieser Widersprüche in neuen Ideen."[1]) Man muß sich nicht unbedingt mit der konkreten Form der Lösung dieser Widersprüche durch BOHR einverstanden erklären und kann doch seine Orientierung für die Begründung der Quantentheorie beibehalten.

Die den neuen Theorien entsprechenden periodischen Umwälzungen in den Grundlagen der naturwissenschaftlichen Konzeptionen verdeutlichen, daß das theoretische Denken seiner Natur nach historisch ist. Und das wird vom dialektischen Materialismus von Anfang an behauptet, von dem F. ENGELS sagte: „Mit jeder epochemachenden Entdeckung schon auf naturwissenschaftlichem Gebiet muß er seine Form ändern."[2])

Die Lösung allgemeiner philosophischer Probleme der

---

[1]) В. А. Фок, Нильс Бор и современная физика. В: Развитие современной физики. Москва 1964.

[2]) F. ENGELS, Ludwig Feuerbach und der Ausgang der klassischen deutschen Philosophie. In: MEW. Berlin 1973, Bd. 21, S 278.

Wissenschaft wird am wirkungsvollsten im Rahmen einer Entwicklungskonzeption angestrebt, wie sie für den dialektischen Materialismus charakteristisch ist. Das bedeutet, daß die philosophischen Aussagen selbst ständig vervollkommnet werden müssen und daß ihre Entwicklung im philosophischen Verallgemeinerungsprozeß von Gesetzmäßigkeiten gesteuert wird. Zu diesem Prozeß weiterer philosophischer Verallgemeinerungen stellte W. I. LENIN fest: „... wenn sich alles entwickelt, bezieht sich das auch auf die allgemeinsten *Begriffe* und *Kategorien* des Denkens? Wenn nicht, so heißt das, daß das Denken mit dem Sein nicht zusammenhängt. Wenn ja, dann heißt das, daß es eine Dialektik der Begriffe und eine Dialektik der Erkenntnis gibt, die objektive Bedeutung hat."[1])

Die Ausarbeitung präzisierter philosophischer Vorstellungen über die Natur des Seins und der Erkenntnis ist auch zugleich eine Ausarbeitung jener Grundlagen, die zur Synthese ständig neuer und vielfältiger naturwissenschaftlicher Gedanken und Vorstellungen im Rahmen eines einheitlichen wissenschaftlichen Weltbildes benötigt werden. Ohne die Entwicklung der Philosophie kann auch die Entwicklung der Naturwissenschaften nicht in einem einheitlichen System wissenschaftlicher Erkenntnisse verstanden werden.

Wenn man die Erfolge der Naturwissenschaften außerhalb ihres Zusammenhanges mit dem Entwicklungsprozeß philosophischer Erkenntnisse betrachtet, kann man entweder im Detail hängenbleiben, auf der Grundlage neuer naturwissenschaftlicher Erkenntnisse zu Begründungen für vielfältige philosophische Konzeptionen kommen oder die gesamte philosophische Analyse auf die naive Behauptung bringen, daß jede naturwissenschaftliche Erkenntnis lediglich eine Form der Bestätigung universeller philosophischer Behauptungen und Kategorien sei, die absolut und a priori gegeben sind. Die

---

1) W. I. LENIN, Philosophische Hefte. In: LW. Berlin 1968, Bd. 38, S. 242.

philosophischen Kategorien und Vorstellungen sind uns aber nicht a priori gegeben, sondern stellen verallgemeinerte Ausdrücke grundlegender wissenschaftlicher Erkenntnisse dar und verändern sich mit der Entwicklung der anderen Wissenschaften. Die Entwicklung philosophischer Erkenntnisse wird dadurch provoziert, daß neue wissenschaftliche Entdeckungen und Theorien zu den bisherigen philosophischen Erkenntnissen in Widerspruch geraten. Je mehr derartige Widersprüche in der Wissenschaftsentwicklung auftreten, um so umfangreicher sind die der Philosophie daraus erwachsenden Aufgaben.

Die Wechselbeziehungen zwischen der Philosophie und der Naturwissenschaft sind in der bisherigen Entwicklung außerordentlich komplizierter Natur gewesen. Die Entwicklung der einen führt keineswegs schon mit Notwendigkeit zur Entwicklung der anderen, eine relative Unabhängigkeit beider Entwicklungsrichtungen bleibt nach wie vor möglich. K. Marx bemerkte einmal: „Im Unterschied von andern Baumeistern zeichnet die Wissenschaft nicht nur Luftschlösser, sondern führt einzelne wohnliche Stockwerke des Gebäudes auf, bevor sie seinen Grundstein legt.“[1])

In der gegenwärtigen Entwicklung der wissenschaftlichen Philosophie, die wesentlich durch den Fortschritt der Naturwissenschaft stimuliert wird, kommt der Lehre von der Materiestruktur eine entscheidende Bedeutung zu. Naturwissenschaftliche Gedanken und Theorien finden ihren Platz im System wissenschaftlicher Erkenntnisse und werden theoretisch und philosophisch dann am besten fundiert, wenn der Zusammenhang mit diesen philosophischen Erkenntnissen transparent wird. In der Naturwissenschaft des vergangenen Jahrhunderts dominierte der klassische Atomismus. Dieses Konzept war damals in allen Naturwissenschaften die Grundlage für eine Synthese der Erkenntnisse und zugleich ein Aus-

---

[1]) K. Marx, Zur Kritik der Politischen Ökonomie. MEW. Berlin 1974, Bd. 13, S. 43.

gangspunkt für weitergehende Untersuchungen. Diese Rolle des Atomismus unterstreichend, hat R. FEYNMAN festgestellt: „Wenn in einer Sintflut alle wissenschaftlichchen Kenntnisse zerstört würden und nur ein Satz an die nächste Generation von Lebewesen weitergereicht werden könnte, welche Aussage würde die größte Information in den wenigsten Worten enthalten? Ich bin davon überzeugt, daß dies die Atomhypothese (oder welchen Namen sie auch immer hat) wäre, die besagt, *daß alle Dinge aus Atomen aufgebaut sind – aus kleinsten Teilchen, die in permanenter Bewegung sind, einander anziehen, wenn sie ein klein wenig entfernt sind, sich aber gegenseitig abstoßen, wenn sie aneinander gepreßt werden.* In diesem einen Satz werden sie mit ein wenig Phantasie und Nachdenken eine *enorme* Menge an Informationen über die Welt entdecken."[1])

Die Geschichte der Wissenschaft zeigt, daß mit der Änderung unserer Vorstellungen über die strukturelle Organisation der Materie auch radikale Veränderungen der philosophischen Auffassungen, eine Erweiterung und Vertiefung der Erkenntnistheorie und der Auffassungen über die Stellung des Menschen in der Welt verbunden sind. Hier genügt es, daran zu erinnern, welchen revolutionierenden Einfluß auf die Weltanschauung die Entdeckungen von GALILEI und COPERNICUS, die Arbeit NEWTONS und die nachfolgende Entwicklung der klassischen Mechanik, die Herausbildung der Thermo- und Elektrodynamik, die Entdeckung des Gesetzes der Erhaltung der Energie, die Schaffung der Relativitätstheorie und der Quantenmechanik, die Entstehung der DARWINschen Evolutionstheorie, der Genetik und der Molekularbiologie u. a. hatten. Man kann sagen, daß die Vorstellungen über die Prinzipien der strukturellen Organisation der Materie die Grundlage der wissenschaftlichen Weltanschauung bilden. Dementsprechend wird die Be-

---

[1]) FEYNMAN, LEIGHTON, SANDS, Vorlesungen über Physik. München, Wien 1974, Bd. 1, T. 1, S. 1–3.

deutung neuer naturwissenschaftlicher Erkenntnisse philosophisch vor allem daran zu messen sein, wie sie der Entwicklung und Vervollkommnung dieser Grundlage zu dienen vermögen.

Das Wahrscheinlichkeitskonzept hat, wie wir gesehen haben, viele höchst fruchtbare Konzeptionen der gegenwärtigen naturwissenschaftlichen Forschung erst ermöglicht. Deshalb gehört zu einer allseitigen Analyse seines Wesens auch eine Analyse jener Veränderungen, die durch das Wahrscheinlichkeitskonzept in die philosophische Lehre über die Materie und die Erkenntnis eingebracht wurden. Die Analyse der Natur der Wahrscheinlichkeit muß deshalb im Rahmen der Entwicklung des modernen Atomismus, im Rahmen der Herausbildung moderner Vorstellungen über die Prinzipien der strukturellen Organisation der Materie erfolgen.

In unseren Tagen werden unter dem Einfluß aller naturwissenschaftlichen Disziplinen intensiv allgemeine Vorstellungen über die strukturelle Organisation der Materie ausgearbeitet. Der klassische Atomismus wird dabei in mehreren Richtungen weiterentwickelt. Vor allem die Entwicklung der Elementarteilchenphysik lenkt die Aufmerksamkeit auf sich. Gerade auf diesem Gebiet werden die Ausgangspositionen des Atomismus in prinzipieller Weise verändert. Heute muß man von der Tatsache ausgehen, daß sich die „Elementarteilchen“ ineinander verwandeln können, daß ihre Eigenschaften durcheinander bestimmt werden, daß das Vakuum über erstaunliche Eigenschaften verfügt und daß Symmetrie bzw. Asymmetrie von entscheidender Bedeutung sind. Die Prozesse in der Welt der Elementarteilchen sind ebenso wie die Methoden ihrer Erkenntnis zutiefst dialektisch. Auf die Entwicklung des physikalischen Atomismus wird in Spezialuntersuchungen zu philosophischen Fragen der Physik recht ausführlich eingegangen; sie ist deshalb hier nicht näher zu behandeln.

Die philosophische Verallgemeinerung der Erkenntnisse der Elementarteilchenphysik ist aber keineswegs die einzige Richtung, in der die philosophischen Auffassungen zur Materiestruktur präzisiert werden. Die materiellen Objekte, die aus Elementarteilchen „aufgebaut" sind, lassen sich entsprechend ihren Funktionseigenschaften und Gesetzmäßigkeiten nicht auf die Eigenschaften und Gesetzmäßigkeiten von „Bausteinen des Weltgebäudes" reduzieren. Diese Objekte verfügen über einen eigenständigen Status, dessen Erforschung prinzipielle Aussagen der Philosophie in entscheidender Weise präzisiert.

„Eines der Grundprinzipien des Lebens ist die ‚Organisation'. Wir verstehen darunter, daß bei der Vereinigung von zwei Dingen etwas Neues entsteht. Die Qualitäten dieses Neuen sind nicht additiv und können nicht durch die Qualitäten der einzelnen Komponenten ausgedrückt werden. Das ist charakteristisch für das gesamte Spektrum des Phänomens Organisation von der Vereinigung von Elektronen mit dem Atomkern im Atom über die Vereinigung von Aminosäuren in Peptiden, von Peptiden im Eiweiß bis zu den Eiweißen und Nucleinsäuren in Nucleoproteiden u. a."[1]) Wenn wir anerkennen, daß die Vereinigung von Elementarteilchen zu einem beliebigen der bekannten stabilen materiellen Gebilde mehr ist als die einfache Summe oder Kombination dieser Teilchen, so muß dieser Umstand in den gegenwärtigen Auffassungen zur Atomistik natürlich ensprechend widergespiegelt werden.

Vor allem jene Präzisierungen der Auffassungen zur Materiestruktur erlangen gegenwärtig herausragende Bedeutung, die aus der Erforschung lebender Systeme zu gewinnen sind. Der Fortschritt der Biologie, die enorme Zunahme des experimentellen Datenmaterials, der Vorstoß in tiefere Organisationsniveaus des Organischen erfordert mit Nachdruck die Ausarbeitung präzisierter Vorstellungen über die Struktur und die Evolution leben-

---

[1]) А. Сент-Дьердьи. Введенис в субмолекулярную биологию, Москва 1964, стр. 22.

der Systeme. Das schlägt sich in einer Zunahme von Untersuchungen nieder, die der Analyse von Systemen, der Synthese des System- und des Strukturaspekts, der Theorie der Strukturniveaus im Aufbau und in der Entwicklung lebender Systeme, den Prinzipien der Selbstregulation, der allgemeinen Systemtheorie u. ä. gewidmet sind.

In der Entwicklung der Grundlagen von System- und Strukturuntersuchungen kommt der Erarbeitung allgemeiner Vorstellungen über materielle Systeme, Prinzipien ihrer strukturellen Organisation und Funktion größte Bedeutung zu. Unter einem einfachen materiellen System ist dabei eine bestimmte Menge von Objekten (Elementen) zu verstehen, die wegen ihres einheitlichen Verhaltens und Funktionierens gegenüber einer wohldefinierten Klasse von Wechselwirkungen als einheitliches Ganzes ausgewiesen sind (Ganzheitsaspekt). Das einheitliche Verhalten der Elemente im Rahmen eines Systems ist vor allen Dingen durch die inneren Eigenschaften und Wechselwirkungen zwischen den einzelnen Elementen bedingt. In komplizierteren Fällen können als Elemente von Systemen selbst wieder relativ einfache Systeme auftreten.

Die Objekte der wissenschaftlichen Forschung stellen heute unter bestimmten Gesichtspunkten verschiedenartige Systeme dar. In der Physik sind das beispielsweise Gase, Flüssigkeiten, Festkörper, Kristalle, Plasmen, Atomkerne. Auch die Objekte chemischer Forschung — beispielsweise Polymere — stellen Systeme dar. Das gilt ebenso für die Objekte der Biologie (Biopolymere, Zellen, Organismen, Arten, Biozönosen), der Ökonomie (Betriebe Kombinate, die Volkswirtschaft eines Landes in ihrer Gesamtheit), die Soziologie (Kollektive, soziale Schichten und Klassen, die gesamte Gesellschaft). Selbst in jenen Fällen, in denen scheinbar Eigenschaften unabhängiger (einzelner, individueller) materieller Objekte erforscht werden, zeigt sich sehr schnell, daß solche Objekte Elemente bestimmter Systeme sind und daß erst ihre Erforschung aus dem Blickwinkel dieser Systeme vollständige Erkenntnisse über ihre Eigenschaften und Gesetzmäßigkeiten liefert. So verdeutlicht beispielsweise die Entwicklung der Elementarteilchenphysik jene gegenseitige Bedingtheit der Teilchen, nach der die Existenz der einen Teilchen von der Anwesenheit der anderen und der Wechselwirkung mit ihnen abhängt.

Die alleinige Feststellung allerdings, daß die wesentlichen Objekte gegenwärtiger Naturwissenschaft Systeme sind, ist einfach die Feststellung eines Fakts, noch dazu eines reichlich armen Fakts. Daraus folgt aber eine außerordentlich wichtige Schlußfolgerung: Die entsprechenden Forschungsmethoden müssen in ihrer Grundlage den Systemaspekt als unabhängiges Prinzip enthalten, das sich deduktiv nicht aus anderen theoretischen Voraussetzungen ableiten läßt. Noch weiter reichende Schlußfolgerungen vermag man aus dieser einfachen Feststellung offensichtlich nicht zu ziehen. Dazu bedarf es der weiteren Analyse des konkreten Materials. Eine solche Analyse spricht vor allem davon, daß Systeme in zahlreiche Klassen zerfallen. Für die Entwicklung der Systemmethoden selbst kommt gegenwärtig vor allem der Ausarbeitung allgemeiner Vorstellungen über sogenannte komplizierte selbstregulierende Systeme besondere Bedeutung zu.

Vorstellungen über Systeme sind nun aber nicht nur für die gegenwärtige Wissenschaft charakteristisch. Derartige Vorstellungen haben sich bereits mit der Entwicklung der klassischen Naturwissenschaft herausgebildet. Für diese Periode der Wissenschaftsgeschichte war charakteristisch, daß Systeme faktisch als einfache arithmetische Summen oder Gesamtheiten bestimmter Objekte galten. Das waren beispielsweise mechanische Systeme, die theoretisch als Summen materieller Punkte dargestellt wurden, zwischen denen bestimmte äußere Kräfte wirken. Analog haben sich in der klassischen Biologie Vorstellungen über die Arten (biologische Systeme) als einfache Organismengesamtheiten und in der klassischen

Astronomie Vorstellungen über die Galaxien als einfache Sternengesamtheiten herausgebildet.

Das sprunghaft zunehmende Interesse an den Grundlagen von System- und Strukturuntersuchungen gilt dem Übergang zu neuen Klassen von Systemen, zur Ausarbeitung allgemeingültiger Vorstellungen (Begriffe, Modelle usw.) über Systeme. Der Anfang zu jenem Komplex von Forschungsrichtungen wurde mit der Vertiefung von Vorstellungen über das Problem der Steuerung und Regelung gemacht. Obwohl dieses Problem in bestimmten Maße bereits lange vor der Entwicklung von Elektronenrechnern erforscht wurde, haben die kurz nach dem 2. Weltkrieg aufkommenden Elektronenrechner die Entwicklung der Steuerungs- und Regelungstheorie ganz entscheidend stimuliert. Seither hat sich diese Theorie in organischer Verbindung mit der Rechentechnik entfaltet und vielfältigste neue Möglichkeiten für die Modellierung verschiedenartiger Erscheinungen der Wirklichkeit eröffnet. Der Kreis von Steuerungs- und Regelungsproblemen, die intensiv untersucht werden, hat sich außerordentlich stark erweitert. Die gegenwärtigen Untersuchungen zu diesen Problemen sind ein hoffnungsvoller Beginn für theoretische Untersuchungen der Struktur und des Verhaltens lebender Systeme, die ihrerseits zum entscheidenden Stimulus der weiteren Entwicklung der Erforschung von Steuerungs- und Regelungsproblemen geworden sind.

Neue Konzeptionen zum Problem des Lebens haben die Ausarbeitung einer allgemeinen Regelungstheorie erforderlich gemacht, d. h. einer Theorie von den allgemeinen Gesetzmäßigkeiten des Baus und der Funktion komplizierter selbstregulierender Systeme. Eine solche Wissenschaft entstand gegen Ende der 40er Jahre mit der Kybernetik. Obwohl sich gegenwärtig immer mehr der Gedanke durchsetzt, daß das Regelungsproblem notwendigerweise in Etappen zu lösen ist, daß „in dem Maße, wie die Mathematiker, Psychologen und Ingenieure große Systeme (lebende und nichtlebende) verschiedenen Kompliziertheitsgrades erforschen, die Idee, eine universelle kybernetische Theorie anzuwenden, immer weniger und weniger der Wahrheit nahekommt“[1]), liefert das kybernetische Herangehen die Grundlagen für die gegenwärtigen Forschungsarbeiten zu diesem Problem.

Das Regelungsproblem ist außerordentlich kompliziert. Ohne in die Tiefe einzudringen, wollen wir hier lediglich anmerken, daß das Konzept der Regelung vor allem auf eine Bestimmung der effektiven und optimalen Verhaltensformen entsprechender Systeme hinausläuft. Damit werden in die theoretischen Konzeptionen die Begriffe ‚Ziel‘ und ‚effektives Verhalten‘ eingeführt.

Die Lösung des Regelungsproblems beinhaltet im kybernetischen Sinne in entscheidender Weise die Entwicklung mathematischer Konzeptionen. Die Spezifik der Problemstellung wird durch die Analyse jenes abstrakten Modells der Regelung verdeutlicht, das sich im Laufe der Lösung dieses Problems herauskristallisiert hat. Eine solche abstrakte Vorstellung ist das Konzept komplizierter selbstregulierender Systeme.

Komplizierte selbstregulierende Systeme werden solche Systeme genannt, die durch ein relativ autonomes Verhalten der Untersysteme (Elemente) bei hoher Aktivität, Variabilität und Zielstrebigkeit im Funktionieren (Verhalten) der Systeme als Ganzem gekennzeichnet sind. Das sind offene Systeme, die in ständiger Wechselwirkung mit der Umgebung (Medium) stehen und prinzipiell imstande sind, eine große Klasse von Aufgaben zu lösen. Die grundlegenden Ideen für die Ausarbeitung einer Theorie komplexer Systeme kommen aus der Biologie, der Kybernetik und der Mathematik.

Komplizierte selbstregulierende Systeme sind außerordentlich typische Forschungsobjekte der modernen Wissenschaft. Die Ausarbeitung entsprechender Vorstellungen verkörpert einen entscheidenden Fortschritt

---

[1]) Р. Беллман, Теория регулирования. В: Математика в современном мире. Москва 1967, стр. 179.

in der gegenwärtigen Entwicklung der Prinzipien der strukturellen Organisiertheit der Materie. In den entsprechenden einzelwissenschaftlichen Konzeptionen spielen wahrscheinlichkeitstheoretische Überlegungen eine bedeutende Rolle. Mehr noch: Die Einführung des Wahrscheinlichkeitskonzepts in die Naturwissenschaft war sogar eine notwendige Voraussetzung zur Ausarbeitung dieser Konzeptionen. Im Zusammenhang damit verdient also die Analyse des Wahrscheinlichkeitskonzepts eine besondere Beachtung bei der Herausbildung und Entwicklung unserer Erkenntnisse über komplizierte selbstregulierende Systeme. Eine solche Analyse vermag dann auch den Inhalt des Wahrscheinlichkeitsbegriffs selbst besser zu erschließen.

Gegenwärtig sind bei der Interpretation der Wahrscheinlichkeit noch häufig Vorstellungen anzutreffen, die von der klassischen Mechanik geprägt werden. Das Wahrscheinlichkeitskonzept wird also nach wie vor noch teilweise vom Standpunkt jener allgemeinen Vorstellungen der Physik über die Materiestruktur beurteilt, die vor dem Einzug wahrscheinlichkeitstheoretischer Verfahren in die Physik entstanden. Praktisch wird es bislang fast völlig vermieden, dieses Konzept vom Standpunkt der modernen Biologie und Kybernetik zu beurteilen. Aber das Wesen einer weniger entwickelten Erscheinung erschließt sich am vollständigsten erst vom Standpunkt der entwickelteren Erscheinung. Diese Feststellung findet ihre Formulierung in dem bekannten Ausspruch von K. Marx: „Die Anatomie des Menschen ist ein Schlüssel zur Anatomie des Affen.“[1])

Gegenwärtig kann man noch nicht über eine geschlossene Theorie komplizierter selbstregulierender Systeme sprechen. Wir verfügen bisher bestenfalls über ein allgemeines Programm zu entsprechenden Untersuchungen und eine Menge von Aufgaben, die es gestatten, verschie-

---

[1]) K. Marx, Einleitung zur Kritik der Politischen Ökonomie. In: MEW. Berlin 1974, Bd. 13, S. 636.

dene Aspekte dieses komplexen Problems zu lösen. In derartigen Untersuchungen wurden aber bereits wesentliche Ergebnisse erzielt, die übergreifende Bedeutung haben. Darauf werden wir später noch eingehen.

Es muß festgehalten werden, daß bei der Entwicklung der Theorie komplizierter selbstregulierender Systeme die materialistische Dialektik eine besondere Bedeutung erlangt. Das findet seinen Ausdruck vor allem in den wechselseitigen Beziehungen der Statik und der Veränderlichkeit der Struktur materieller Systeme, der Subordination und Koordination, der weitgehenden Autonomie der Elemente und der Harmonie des Ganzen, der gleichzeitigen Erhaltung und grundsätzlichen Erneuerung u. a. m. Die erfolgreiche Bearbeitung dieser Probleme wird ihrerseits zur Voraussetzung der Entstehung prinzipiell neuer Ideen in den kompliziertesten Frontabschnitten der Forschungsarbeit auf diesem Gebiet.

Mit der Entwicklung der Systemkonzeptionen und -methoden wurde zugleich der Strukturbegriff, der in den Systemanalysen von außerordentlicher Bedeutung ist, stark aufgewertet. Die Elemente eines Systems verfügen über eine bestimmte Einheitlichkeit des Verhaltens für eine bestimmte Klasse von Wechselwirkungen. Diese Einheitlichkeit bedeutet, daß die Kopplungen zwischen den Objekten über eine bestimmte Ordnung und Stabilität verfügen, was dann im Begriff der Struktur seinen Ausdruck findet. Von N. F. Owtschinnikow[1]) wird die Struktur als invarianter Aspekt eines Systems angesehen. Diese Kategorie bringt also die Existenz und den gesetzmäßigen Charakter der Differenzierung und Integration im inneren Aufbau eines Systems, die Synthese der Elemente des Systems, zum Ausdruck. Dabei verfügen Strukturen über eine bekannte Eigenständigkeit gegenüber der konkreten Natur der Elemente. Das wird auch dadurch deutlich, daß die mathematischen Methoden

[1]) N. F. Owtschinnikow, Die Kategorie Struktur in den Naturwissenschaften. Berlin 1969, S. 18.

der Systemanalyse in hinreichend weiten Grenzen von der Natur der jeweiligen Elemente unabhangig sind. Der Isomorphismus vieler Strukturklassen gehört zu den eigentümlichsten und bedeutsamsten Besonderheiten jener Welt, in der wir leben. Die Bestimmung der Struktur als innere Ordnung und Ausdruck der Stabilität ist im höchsten Grade abstrakt. Im Verlaufe der Entwicklung unserer Vorstellungen über die Struktur zeichnen sich immer deutlicher bestimmte Grenzen und Etappen ab. Diese zu bestimmen gehört zu den methodologisch interessanten Aufgaben.

Festzuhalten gilt es also, daß die Analyse des Wahrscheinlichkeitskonzepts philosophisch an die Entwicklung der Auffassungen zur Materiestruktur vor allem im Zusammenhang mit der Entwicklung der Vorstellungen über komplizierte selbstregulierende Systeme zu koppeln ist.[1])

1.5. *Besonderheiten bei der Herausbildung neuer Ideen in der Wissenschaft*

Die Festigung der Position von wahrscheinlichkeitstheoretischen Vorstellungen und Methoden in den Naturwissenschaften hat sich als äußerst komplizierter und langwieriger Prozeß erwiesen. Derartige Prozesse der Herausbildung und Etablierung neuer Ideen in der Wissenschaft verlaufen in keinem Falle einfach. Sie erfordern unbedingt die Aufmerksamkeit der Philosophen.

Der Geschichte der Wissenschaft kann man entnehmen, daß die Philosophie der Herausbildung neuer Ideen stets größte Beachtung geschenkt hat. Da aber in der Philosophie im weitesten Sinne des Wortes, in der „Welt"-philosophie, bislang außerordentlich unterschiedliche Verfahren zur Lösung der grundlegendsten Fragen existieren, entbrennt gewöhnlich um neue Theorien eine

[1]) А. С. Кравец, Вероятность и системы. Воронеж 1970

erbitterte Auseinandersetzung, die vor allem für die bahnbrechend neuen wissenschaftlichen Theorien zunächst hemmend wirken kann. Das Neue setzt sich auch in der Naturwissenschaft erst in der Auseinandersetzung mit dem Alten durch. Hier genügt es, an die weltanschaulichen Auseinandersetzungen zu den bereits erwähnten naturwissenschaftlichen Theorien zu erinnern. Die Herausbildung neuer Ideen und Methoden in der Wissenschaft verfügt über eigene Schwierigkeiten und Widersprüche. Einige allgemeine Vorstellungen über diesen Prozeß können das Verständnis der Geschichte des Wahrscheinlichkeitskonzepts in der Wissenschaft fördern.

Eine der wichtigsten philosophischen Lehren aus der Entwicklung der modernen Naturwissenschaft besteht darin, daß in hinreichend entwickelten Gebieten unseres Wissens fundamental neue Ideen vorrangig in allgemeingültigerer Form als die bisher bekannten auftreten. Die modernen theoretischen Konzeptionen werden nicht aus dem theoretischen Vakuum entwickelt. Sie werden durch den bisher erreichten Erkenntnisstand ermöglicht und stützen sich auf diesen. Wie A. EINSTEIN feststellte, ist es „das schönste Los einer physikalischen Theorie, wenn sie selbst zur Aufstellung einer umfassenderen Theorie den Weg weist, in welcher sie als Grenzfall weiterlebt."[1]) Obwohl EINSTEIN dabei die Physik im Auge hatte, widerspiegelt diese Feststellung faktisch eine Entwicklungsgesetzmäßigkeit wissenschaftlicher Erkenntnisse überhaupt. Verallgemeinerungsprozesse sind Elemente des Erkenntnisfortschritts. Sie erlauben, den neuen Inhalt auf der Grundlage einer dialektischen Negation des vorhergehenden Erkenntnisniveaus zu erschließen.

Die Ausarbeitung allgemeingültigerer Erkenntnisse bedeutet vor allem eine Erweiterung jenes Bereiches der Wirklichkeit, den wir bereits beherrschen. Neue Ideen und Begriffe stützen sich auf eine breitere Sphäre der

---

[1]) A. EINSTEIN, Über die spezielle und die allgemeine Relativitätstheorie. Berlin 1970, S. 62.

materiellen Praxis. Begriffssysteme, die neue Gedanken ausdrücken, sind von größerem Informationsgehalt und werden durch einen größeren Reichtum innerer Möglichkeiten bei der Abbildung von Eigenschaften und Gesetzmäßigkeiten der materiellen Welt charakterisiert. Die mathematischen Ausdrucksformen der neuen Gedanken sind abstrakter und werden in der Regel von entwickelteren mathematischen Disziplinen zur Verfügung gestellt.

Die Untersuchung des Prozesses der Entwicklung theoretischer Vorstellungen als ein Prozeß, in dem allgemeingültigere Wissenssysteme als die bisherigen erarbeitet werden, kann als andere Formulierung des in der erkenntnistheoretischen Literatur häufig behandelten Korrespondenzprinzips betrachtet werden.[1])

Das Verallgemeinerungskonzept gibt die Möglichkeit, die Geschichte der Entwicklung fundamentaler wissenschaftlicher Forschungsrichtungen und den Zustand ihrer heutigen Ausarbeitung besser zu verstehen. Von entscheidender Bedeutung ist ein solches Konzept für die Genetik als dem Fundament der modernen Biologie. Hier verdient die Verallgemeinerungslinie der diskreten Erbfaktoren, der Gene, unser besonderes Interesse. Diese Linie führt von den ersten Arbeiten MENDELS bis zur entwickelten molekulargenetischen Theorie, „die die biologischen Prozesse mit chemischen und physikalischen Begriffen verbunden hat.“[2])

Analysiert man Verallgemeinerungsprozesse in der Naturwissenschaft, insbesondere bei der Entwicklung fundamentaler Theorien, muß man vor allem ihren dialektischen Charakter hervorheben. Zwei Momente verdienen dabei unsere Beachtung. Das ist die Veränderung der inneren Struktur entsprechender theoretischer Systeme und die Aufhebung der alten Ideen in den neuen.

---

[1]) Siehe dazu beispielsweise:
И. В. Кузнецов, Избранные труды по методологии физики. Москва 1975.

[2]) С. И. Алиханян, Современная генетика. Москва 1975.

Die Herausbildung einer neuen fundamentalen Idee in einem bestimmten Forschungsgebiet ist nicht einfach das Hinzufügen eines neuen Gedankens zum bereits existierenden Gedankensystem. Mathematisch ist der Prozeß der Herausbildung einer neuen fundamentalen Idee nicht analog der Suche nach einem Zusatzglied in einer mathematischen Gleichung, die den früher formulierten Ideen entspricht. Dieser Prozeß ist keine Erweiterung der bereits herausgebildeten Begriffsstruktur für ein neues Gebiet der Wirklichkeit. Er stellt vielmehr einen Bruch und die Ausarbeitung eines neuen Begriffssystems dar. Dieses neue System bildet dann nicht einfach nur einen größeren Wirklichkeitsbereich ab, sondern führt auch zu einem tieferen Verständnis der früher erkannten Erscheinungen. Deshalb wird ein solcher Prozeß der Herausbildung eines neuen Begriffssystems von uns als Verallgemeinerung bezeichnet.

Diese Ausführungen sind all denen wohlbekannt, die mit der philosophischen Analyse der Grundgedanken der Relativitätstheorie und der Quantenphysik vertraut sind. Beide Theorien der Physik des 20. Jahrhunderts sind als fundamentale Verallgemeinerung physikalischer Vorstellungen über die Bewegung und den Aufbau der Materie, nicht aber als Ergänzungen und Präzisierungen zu den theoretischen Modellen der klassischen Physik ausgearbeitet worden. Sie stellen vielmehr einen grundsätzlichen Wandel im gesamten begrifflichen Rahmen der Physik dar.

Die verallgemeinerten Formen sind inhaltsreicher. Es ist nur natürlich, daß die Spezifik der neuen Gedanken auch den neuen Inhalt der entsprechenden wissenschaftlichen Theorien bestimmt. Die Aufnahme des neuen Inhalts in die Wissenschaft erfolgt außerordentlich widersprüchlich. In diesem Prozeß tritt ein Moment der dialektischen Negation zutage. Zu solchen Schlußfolgerungen führt uns wiederum die Entwicklung der modernen Physik. Betrachten wir beispielsweise die beschleunigte Bewegung eines elektrisch geladenen Teilchens im Zusammenhang mit dem Stabilitätsproblem des Atoms. Es soll dazu jenes Atommodell herangezogen werden, in dem die Elektronen auf geschlossenen Bahnen um den Kern kreisen. In Übereinstimmung mit der klassischen Physik müßten die Elektronen wie bei jeder beschleunigten Bewegung ständig elektromagnetische Strahlung aussenden, was seinerseits zu Energieverlusten des Elektrons und schließlich zu dessen Sturz in den Kern führen müßte. Entsprechend den Vorstellungen der klassischen Mechanik wäre das Atom deshalb instabil, was aber der Wirklichkeit widerspricht. Die Quantenmechanik als Verallgemeinerung der Erkenntnis physikalischer Bewegungen, wie sie bei der Untersuchung atomarer Erscheinungen formuliert wurden, negiert die Bewegungsvorstellungen der klassischen Physik in ihrer Grundlage.

Analog dazu beinhalten auch andere Verallgemeinerungen in der Entwicklung der Naturwissenschaft bestimmte Züge einer dialektischen Negation alter Vorstellungen. Der Verallgemeinerungszyklus schließt ab, wenn der neue Inhalt mit dem alten unvereinbar wird. Dem ist lediglich hinzuzufügen, daß Verallgemeinerungsprozesse dieser Art jegliche Standards ausschließen. Je bedeutsamer das Neue ist, um so weiter kann sich der entsprechende Verallgemeinerungsprozeß von allen bekannten Schemen entfernen.

Wenn man den Verallgemeinerungsprozeß als Gesetzmäßigkeit der Erkenntnisentwicklung betrachtet, muß man besonders darauf hinweisen, daß diese Gesetzmäßigkeit mit der materialistisch von K. Marx gefaßten und entwickelten Gesetzmaßigkeit der Entwicklung des theoretischen Denkens zusammenhängt, die als Prozeß des Aufsteigens vom Abstrakten zum Konkreten bekannt ist.

Nachdem wir den Verallgemeinerungsprozeß in der Erkenntnis als eine ihrer wichtigsten Gesetzmäßigkeiten betrachtet haben, sollte unter diesem Gesichtspunkt auch die Analyse des Wahrscheinlichkeitskonzepts ausgeführt werden. Eine philosophisch-methodologische Analyse wahrscheinlichkeitstheoretischer Vorstellungen besteht vor allem in der Ausarbeitung allgemeiner Vorstellungen über die Struktur der Materie und die Erkenntnis, die die Entwicklung dieser Forschungsmethoden begleitet und ergänzt haben. Wenn wir anerkennen, daß das Wahrscheinlichkeitskonzept fundamentalen Charakter für die Entwicklung der gegenwärtigen Erkenntnis besitzt, dann muß man an die Ausarbeitung der entsprechenden präzisierten Vorstellungen über die Struktur der Materie und des Bewußtseins unbedingt auch unter Berücksichtigung des Wesens und der Behauptung von naturwissenschaftlichen Verallgemeinerungsprozessen herantreten. Das bedeutet, daß ein „wahrscheinlichkeitstheoretisches Modell der Welt und der Erkenntnis" inhaltsreicher, entwickelter und reicher an Möglichkeiten zur Abbildung von Eigenschaften und Gesetzmäßigkeiten materieller Prozesse ist als jene Vorstellungen über die Struktur der Materie und die Erkenntnis, die in der Wissenschaft entstanden, bevor die Gedanken und Methoden der Wahrscheinlichkeitstheorie in die fundamentalen Forschungen Einzug hielten.

Die Analyse der Gesetzmäßigkeiten bei der Herausbildung des Neuen lassen sich nicht auf die Betrachtung der Besonderheiten und der Veränderungen von logischen Formen reduzieren. Theoretische Erkenntnisse haben ihre eigenen Mittel der Begründung des Neuen. Logische Mittel allein sind dafür nicht ausreichend. Ja, sie spielen bei der Bestätigung des Neuen nicht einmal die entscheidende Rolle. Die Logik selbst ändert in Abhängigkeit vom Wissenschaftsfortschritt ihre Formen. Das Problem einer theoretisch strengen Begründung neuer Ideen entsteht gewöhnlich erst, wenn diese Ideen praktisch bereits ihre Wirksamkeit demonstriert haben. Die Grundlage einer Bestätigung prinzipiell neuer Ideen in der Wissenschaft ist die unmittelbare Tätigkeit — die Praxis der Formulierung und Lösung von Forschungsaufgaben. Nur wenn man sich in die neuen Probleme einarbeitet, die Besonderheiten der Problemstellung und die Lösungsmethoden einer neuen Klasse von Aufgaben analysiert, kann man die neuen Gedanken voll erfassen. W. I. LENIN bemerkte: „Das theoretische Erkennen soll das Objekt in seiner Notwendigkeit, in seinen allseitigen Beziehungen, in seiner widersprechenden Bewegung, an und für sich geben. Aber der menschliche Begriff erfaßt, ergreift diese objektive Wahrheit des Erkennens und bemächtigt sich ihrer ‚endgültig' erst dann, wenn der Begriff zum ‚Fürsichsein' im Sinne der Praxis wird. D. h., die Praxis des Menschen und der Menschheit ist die Probe, das Kriterium für die Objektivität der Erkenntnis."[1]) Der Versuch, die neuen Ideen von theoretischen Positionen allein zu beurteilen, ohne in die Sphäre der neuen Tätigkeit gründlich einzudringen, führt gewöhnlich dazu, daß die neuen Ideen vom Standpunkt der alten, bereits etablierten Konzeptionen und Vorstellungen beurteilt werden.

Das Neue entsteht in der Wissenschaft ebenso wie im übrigen Leben auch im Schoße des Alten. In diesem Sinne bedingt das Alte das Neue. Außerhalb der Analyse des Alten ist das Neue nicht zu erklären. Zugleich aber bedeutet die Einführung neuer Ideen in ein bestimmtes Forschungsgebiet einen Bruch, eine Begrenzung und ein erneutes Überdenken bisher bewährter alter Ideen. Tatsächlich Neues ist zunächst und vor allem Eigenständiges. Das Neue ist also, allein vom Alten ausgehend, nicht vollständig zu begreifen. Die alten Ideen aber selbst zu überdenken kann nur vom Standpunkt der neuen geschehen.

Die Gedanken der klassischen Physik erschließen sich am tiefsten erst im Rahmen der modernen Physik, und der Inhalt und die Problemstellung der klassischen Genetik werden erst vom Standpunkt der modernen Genetik voll verstanden. Die Aneignung neuer und die Neubewertung alter Gedanken bildet einen einheitlichen dialektischen Prozeß, für den formallogische Untersuchungen allein nicht mehr ausreichen. Im Mittelpunkt dieses Prozesses stehen die induktiven Momente des Denkens, das sich auf Intuition, Vergleich, Analyse, Synthese u. a. stützt. Dabei

---

[1]) W. I. LENIN, Philosophische Hefte. In: LW. Berlin 1968, Bd. 38, S. 202.

wird das Denken ständig an der Erfahrung überprüft und korrigiert.

Bei den Besonderheiten der theoretischen Beherrschung neuer Gedanken und Konzepte ist es zweckmäßig, die Rolle und Bedeutung allgemeiner Kategorien und Vorstellungen in der Wissenschaft gesondert zu behandeln. Die theoretische Begründung neuer Ideen schließt den Versuch ein, sie allgemeinsten Kategorien zuzuordnen. Wie bereits hervorgehoben, werden die letzteren in diesem Prozeß vervollkommnet und weiterentwickelt.

Man muß hervorheben, daß die Synthese des Allgemeinen und des Besonderen eine einfache Deduktion des neuen Inhaltes aus den allgemeinen Kategorien ausschließt. Das Allgemeine ist keineswegs die einfache Summe einzelner Erscheinungen. Es bringt eine bestimmte Organisation in den einzelnen Erscheinungen zum Ausdruck und stellt jene Grundlage dar, auf der die einzelnen Erscheinungen in ein ganzheitliches System gebracht werden. Allgemeine Kategorien sind aber ebensowenig wie die bereits etablierten theoretischen Konzeptionen keineswegs ausreichend für die Beherrschung des neuen Inhaltes. Dazu bedarf es, wie bereits betont, vor allem der entsprechenden praktischen Tätigkeit.

Die Aufgabe, Allgemeines auf Besonderes anzuwenden, ist keineswegs trival und läßt sich nicht als einfache Deduktion, als formal-logische Ableitung von Schlußfolgerungen aus bestimmten Voraussetzungen fassen. Dagegen spricht schon allein die Rolle und die Bedeutung praktischer Übungen, die unbedingt erforderlich sind, um sich eine Theorie anzueignen. Die Gesetze der klassischen Mechanik (NEWTONsche Gesetze) sind vielen gebildeten Menschen bekannt. Die meisten vermögen auch einfache Rechnungen auszuführen. Aber die Lösung selbst einfacher Aufgaben der theoretischen Mechanik stößt auf erhebliche Schwierigkeiten. Das sind zumeist nicht nur rein rechnerische Schwierigkeiten. Es handelt sich vielmehr darum, daß die Bedingungen der Aufgaben (Besonderes) mit den Gesetzen der Mechanik (Allgemeines) zusammengebracht werden müssen. Dazu benötigt man Vorstellungskraft und eine dementsprechend entwickelte Intuition. Bei der Lösung praktischer Aufgaben, d. h. bei der Anwendung der einen oder anderen wissenschaftlichen Theorie auf konkrete Situationen, verändert sich der Zusammenhang der allgemeinen Begriffe und Vorstellungen mit konkreten Bedingungen der Aufgabe von Fall zu Fall. Dafür ist es nicht möglich, allgemeine Regeln anzugeben. Selbstverständlich existieren bestimmte Aufgabentypen, für die dieser Prozeß gewissermaßen algorithmisiert werden kann. Das Leben aber beinhaltet viele Widersprüche, deren Lösung die Entwicklung darstellt. Die Funktion aller praktischen Übungen besteht nicht so sehr im Erwerb von Rechenfertigkeiten, obwohl auch diese Seite nicht zu unterschätzen ist, sondern in der Entwicklung der Fähigkeiten des induktiven Moments im Denken.

Besonders kompliziert ist der Prozeß der Anwendung allgemeiner Begriffe bei der Analyse gesellschaftlicher Erscheinungen. Auf diese Fragen hat W. I. Lenin wiederholt die Aufmerksamkeit gelenkt. Es genügt, auf das bekannte Vorwort zur zweiten Ausgabe seines Buches „Die Entwicklung des Kapitalismus in Rußland" (Juli 1907) zu verweisen, wo er einige Schlußfolgerungen aus der Revolution von 1905–1907 in Rußland zieht. Die Analyse der ökonomischen Grundlage der Revolution hatte für Lenin gezeigt, daß „die Revolution in Rußland unausbleiblich eine bürgerliche Revolution (ist). Diese These des Marxismus ist völlig unanfechtbar. Man darf sie niemals vergessen. Sie muß stets auf alle ökonomischen und politischen Fragen der russischen Revolution angewandt werden.

Aber man muß sie anzuwenden verstehen. Es bedarf einer konkreten Analyse der Lage und der Interessen der verschiedenen Klassen, um die genaue Bedeutung dieser Erkenntnis bei ihrer Anwendung auf diese oder jene Frage zu bestimmen. Das umgekehrte Verfahren aber, das man nicht selten bei den Sozialdemokraten des rechten Flügels, mit PLECHANOW an der Spitze, antrifft, d. h. das Streben, die Antwort auf konkrete Fragen in einer rein logischen Entwicklung der allgemeinen Erkenntnis vom Grundcharakter unserer Revolution zu suchen, ist eine Vulgarisierung des Marxismus und ein einziger Hohn auf den dialektischen Materialismus. Mit Bezug auf jene Leute, die aus der allgemeinen Erkenntnis vom Charakter dieser Revolution z. B. die führende Rolle der ‚Bourgeoisie' in der Revolution oder die Notwendigkeit einer Unterstützung der Liberalen durch die Sozialisten ableiten, würde MARX wahrscheinlich die schon einmal von ihm zitierten Worte HEINES wiederholen: ‚Ich habe Drachenzähne gesäet und Flöhe geerntet.' "[1])

Man kann sagen, daß auch im allgemeinen Fall der Versuch, Antworten auf konkrete Fragen über eine einfache logische Entwicklung allgemeiner Wahrheiten zu finden, d. h. allein mit den Mitteln der Deduktion, ein einziger Hohn auf den dialektischen Materialismus ist. Neue Gedanken werden in der Regel nicht in kristallklarer Form geboren, in der die Vorzüge sofort ohne weiteres für alle Wissenschaftler einsichtig wären. Die Geschichte der Wissenschaften kennt praktisch keinen Fall, in dem die Herausbildung fundamentaler Gedanken nicht auf erhebliche Schwierigkeiten gestoßen wäre.

Besonders kompliziert war die Einführung des Wahrscheinlichkeitskonzepts in die Naturwissenschaft. Er begann beim Studium molekularer Prozesse in der Physik des 19. Jahrhunderts, als mit den Arbeiten von R. CLAUSIUS, J. MAXWELL, L. BOLTZMANN, J. GIBBS u. a. ein neues Gebiet, die statistische Mechanik, begründet wurde. Diese Entwicklung stützte sich auf das Konzept des Atomismus, auf die atomistischen Vorstellungen über die Struktur der Materie. Gleichzeitig aber stieß die Auffassung vom atomistischen Aufbau der Materie da-

---

[1]) W. I. LENIN, Die Entwicklung des Kapitalismus in Rußland. In: LW. Berlin 1968, Bd. 3, S. 18.

mals auf den heftigen Widerstand der zu dieser Zeit besonders einflußreichen Philosophie des Positivismus, vor allem des Empiriokritizismus (E. MACH) und des Energetismus (W. OSTWALD).

Die ablehnende Haltung gegenüber der Atomistik, gegenüber ihren objektiven Grundlagen bedeutete zugleich eine Abwertung des Wahrscheinlichkeitskonzepts, insbesondere seiner eigenständigen Bedeutung. Wahrscheinlichkeitstheoretische Überlegungen wurden deshalb oft als Hilfskonstruktionen angesehen, zu denen man in Ermangelung exakterer Verfahren durchaus zeitweise zurückgreifen könne. Bestenfalls wurden sie als Baugerüste für die Errichtung eines Theoriengebäudes akzeptiert, das wieder zu verschwinden hat, sobald das Gebäude selbst errichtet ist. In derartigen Situationen müssen sich neue Ideen immer gegen die alten, im Kampf mit den alten durchsetzen. Die wahrscheinlichkeitstheoretischen Überlegungen und Methoden, die zur Ausarbeitung einer Konzeption statistischer Gesetze geführt haben, sind in die Wissenschaft gegen die ursprünglichen positivistischen Vorbehalte eingeflossen und haben sich unabhängig vom Positivismus herausgebildet. Erst nachdem die wahrscheinlichkeitstheoretischen Methoden in der Physik Fuß gefaßt hatten, besonders in der Periode der Ausarbeitung der Quantenmechanik, war die positivistische Philosophie gezwungen, den Wert dieser Methoden anzuerkennen. Sie tat das allerdings, indem sie ihrerseits die statistischen Gesetzmäßigkeiten für prinzipiell indeterministisch und unvereinbar mit der Kausalitätsauffassung erklärte.

Im Zusammenhang damit ist die Aussage von R. VON MISES, des Begründers der Häufigkeitsinterpretationen der Wahrscheinlichkeitstheorie über die Wechselbeziehung der Philosophie mit den „exakten" Wissenschaften von Interesse.

MISES stand philosophisch unter dem Einfluß des Positivismus. Zweifelsohne meinte er auch diese Philosophie, als er schrieb: „Denn die Philosophen besitzen die Eigentümlichkeit, daß sie Ergebnisse der exakten

Wissenschaften, sobald sie sichergestellt scheinen, zu übertreiben beginnen, ihnen einen weit größeren Geltungsbereich, als gerechtfertigt ist, einräumen und, auf alle möglichen Gründe gestützt, ewigen Bestand für sie in Anspruch nehmen wollen. So wirken die gutgemeinten Versuche vieler Philosophen, die Grundlagen der Naturwissenschaften zu sichern, tatsächlich oft hemmend statt fördernd auf den wissenschaftlichen Fortschritt; man denke nur an die Dogmatisierung der euklidischen Geometrie durch KANT und die Schwierigkeiten, die gerade dadurch der Aufnahme der Relativitätstheorie entstanden sind. Hinterher findet sich dann zumeist die Philosophie mit dem Neuen ab, wie wir dies heute schon an mancher philosophischen „Begründung" der EINSTEINschen Theorie sehen. Es scheint, daß die Philosophen immer mit den starken Bataillonen halten – vielleicht ist das ihre einzige Gottähnlichkeit. Ein junger Zweig der positiven Wissenschaft muß sich immer erst aus eigener Kraft durchsetzen; sobald er stark geworden ist, helfen ihm die Philosophen gegen seine Nachfolger."[1])

Natürlich gab es bei der Beurteilung der statistischen Forschungsmethoden recht unterschiedliche Positionen der verschiedenen philosophischen Richtungen. Die Geschichte der Wissenschaften bewahrt dem leidenschaftlichen und mutigen Einsatz L. BOLTZMANNS für den Atomismus als theoretische Grundlage der Anwendung des Wahrscheinlichkeitskonzepts in der Physik und seiner entsprechenden kritischen Auseinandersetzungen mit den methodologischen Positionen E. MACHS ein bleibendes Gedenken. Es steht außer Frage, daß BOLTZMANN sich in diesen Auseinandersetzungen von Gedanken der materialistischen Philosophie leiten ließ.

Die Erkenntnis der Natur ist ein historischer Prozeß. Das bedeutet, daß jede Etappe dieses Prozesses auch unwiederbringbare Züge trägt. Prinzipiell neue Aufgaben und Probleme ziehen neue Gedanken und Methoden zu

---

[1]) R. v. MISES, Wahrscheinlichkeit, Statistik und Wahrheit. Wien 1928, S. 60/61.

ihrer Lösung nach sich. Früher entstandene theoretische Konzeptionen werden zu eng und besitzen manchmal nur noch historischen Wert.

Neue Konzepte und Gedanken anzunehmen bedeutet die Fähigkeit zu entwickeln, unmittelbar in der Sprache dieser Begriffe zu denken, bedeutet eine neue „Weltsicht" zu begründen. Auf den ersten Blick scheint die Annahme neuer Gedanken in vielerlei Hinsicht eine Frage des Glaubens, des Vertrauens und der Intuition zu sein. Die Aufgabe einer strengen logischen Begründung der neuen Gedanken und Vorstellungen entsteht immer erst, wenn sie sich bereits im Leben, in der Praxis bewährt haben. Die Grundlage dafür, daß sich Neues in der Forschung durchsetzt, ist vor allem die Praxis der Formulierung und Lösung einer neuen Klasse von Aufgaben. Schwimmen lernen kann man nur, wenn man ins Wasser geht. Die Fähigkeit herausarbeiten, in der Sprache neuer Begriffe zu denken, kann man nur, wenn man sich in die neuen Probleme einarbeitet. Nur praktisches Handeln kann eine neue Weltsicht erzeugen.

Die Schwierigkeiten bei der Aneignung des Neuen und die Wege zu ihrer Überwindung sind am Beispiel der Lehre einer neuen Theorie in den Hochschulen sehr gut nachvollziehbar. Besonders deutlich werden diese Schwierigkeiten für jene, die mit der Vermittlung der Grundlagen der Quantentheorie zu tun haben. Diese Theorie führte bekanntlich zu besonders radikalen Veränderungen im physikalischen Denkstil. Die Vermittlung der Grundlagen dieser Theorie führt nach wie vor noch zu vielen schöpferischen Versuchen und Diskussionen.

Der amerikanische Physiker F. Dyson berichtet beispielsweise darüber, daß er dabei eine Beobachtung gemacht hat, die ihm auch aus seinem eigenen Studium erinnerlich ist. „Die Studenten durchlaufen mehrere Stadien des Verständnisses. Der Student lernt zunächst Rechnungen in der Quantenmechanik auszuführen und richtige Resultate zu bekommen, berechnet den Wirkungsquerschnitt von Neutronenstreuungen an Protonen u. ä. ...

Das ist das erste Stadium. Dieses ist relativ einfach zu durchlaufen. Danach beginnt das zweite, in dem er sich damit zu quälen anfängt, daß er nicht versteht, was er tut. Er leidet darunter, daß er über kein klares physikalisches Bild verfügt. Er verliert sich völlig in Versuchen, eine physikalische Erklärung für jedes mathematische Verfahren zu finden, das er erlernt hat. Er arbeitet außerordentlich angestrengt und verzweifelt immer mehr. Es scheint ihm, daß er ganz einfach nicht imstande ist, klar zu denken ... Danach beginnt völlig unerwartet ein drittes Stadium. Der Student sagt sich: ‚Ich verstehe die Quantenmechanik' bzw. kurze Zeit später: ‚Ich verstehe jetzt, daß es hier nichts Besonderes zu verstehen gibt.' Die derart unbestimmten Schwierigkeiten sind auf geheimnisvolle Weise verschwunden. Dabei handelt es sich darum, daß der Student es gelernt hat, unmittelbar und unbewußt in der Sprache der Quantenmechanik zu denken und aufgehört hat, alles mit Hilfe von klassischen Vorstellungen verstehen zu wollen."[1])

Die bei der Aneignung des Neuen auftauchenden psychologischen Schwierigkeiten sind außerordentlich schwerwiegend. Beim Studium der Geschichte atomistischer Vorstellungen an der Jahrhundertwende, bei der Geschichte des Kampfes von L. Boltzmann gegen Ostwald und Mach, kam M. Planck zu der in höchstem Grade pessimistischen Feststellung: „Eine neue wissenschaftliche Wahrheit pflegt sich nicht in der Weise durchzusetzen, daß ihre Gegner überzeugt werden und sich als belehrt erklären, sondern vielmehr dadurch, daß die Gegner allmählich aussterben und daß die heranwachsende Generation von vornherein mit der Wahrheit vertraut gemacht ist."[2])

Das Problem der Herausbildung von Neuem in der Wissenschaft ist außerordentlich interessant und äußerst kompliziert. Allergrößte Bedeutung erlangt in diesem

---

[1]) Ф. Дайсон. Над чем думают физики? вып. 2. Элементарные частицы, стр. 92–94.

[2]) M. Planck, Wissenschaftliche Selbstbiographie. Leipzig 1970, S. 16/17.

Zusammenhang die Analyse des Schöpfertums. Bis zu seinem einigermaßen befriedigenden Verständnis ist noch ein außerordentlich weiter Weg zurückzulegen. Uns sind lediglich einige äußere Erscheinungen schöpferischer Tätigkeit bekannt. Bei der Erkenntnis des Schöpfertums stehen wir noch ganz am Anfang.

Die Entstehung von neuen, vollkommeneren Formen ist wesentliches Element aller Lebensprozesse. Um die Herausbildung und das Wesen des Wahrscheinlichkeitskonzepts aufzudecken, muß man bei seiner Analyse unbedingt das bereits Erkannte dieser Prozesse berücksichtigen.

2. Systeme

Der Schlüssel zum Verständnis der Natur des Wahrscheinlichkeitskonzepts ist also in der Analyse der gegenwärtigen Vorstellungen über die Prinzipien der strukturellen Organisation der Materie, insbesondere in der Analyse prinzipieller Fragen der Herausbildung und Entwicklung der Theorie komplizierter selbstregulierender Systeme, zu suchen. Das Wahrscheinlichkeitskonzept fand über die Atomistik seinen Weg in die mathematisierte Naturwissenschaft. Atomistische Vorstellungen haben zur Begründung von Wahrscheinlichkeitsauffassungen beigetragen. Umgekehrt zeigte gerade der Triumph von wahrscheinlichkeitstheoretischen Gedanken die Lebensfähigkeit des Atomismus, der über das Wahrscheinlichkeitskonzept präzisiert und vertieft werden konnte. Die Entwicklung allgemeiner Vorstellungen über komplizierte selbstregulierende Systeme sind eng mit der Anwendung der Wahrscheinlichkeitstheorie verbunden. Trotzdem sind die gegenwärtigen Vorstellungen über solche Systeme weiter als die entsprechenden wahrscheinlichkeitstheoretischen Überlegungen entwickelt. Das ermöglicht es, hier eine vorläufige Untersuchung komplizierter selbstregulierender Systeme vorzustellen und damit die weitere Erforschung unserer Problemstellung vorzubereiten.

Komplizierte selbstregulierende Systeme werden, wie bereits erwähnt, vor allem durch ein relativ unabhängiges, autonomes Verhalten der Teilsysteme bei einer Vielfalt von Funktionsmöglichkeiten des Gesamtsystems charakterisiert. An der Erforschung dieser Systeme wird intensiv gearbeitet. Obgleich es naturgemäß in derartigen Bereichen wissenschaftlicher Forschung schwerfällt, über stabile Momente zu sprechen, sind in diesem Fall jedoch bereits Resultate vorgelegt worden, denen sicher allgemeintheoretische Bedeutung zukommt. Einige der allgemeinsten dieser Resultate wollen wir in diesem Kapitel schildern. Das gibt uns gleichzeitig die Möglichkeit, die Wege der weiteren Analyse des Wesens des Wahrscheinlichkeitskonzepts aufzuzeigen.

2.1. *Ebenen struktureller Organisation und Determination*

Eines der wesentlichsten positiven Resultate der Entwicklung komplizierter selbstregulierender Systeme ist die Herausbildung der Idee von der Existenz qualitativ verschiedener und relativ autonomer Ebenen der strukturellen Organisation dieser Systeme, von verschiedenen Ebenen der Steuerung, Regelung und Determination. Diese Idee spielt im gesamten Bereich der zeitgenössischen Wissenschaft eine immer größere Rolle, angefangen bei der Elementarteilchenphysik mit ihren Versuchen, die innere Struktur dieser „Bausteine des Weltgebäudes" zu erfassen, bis hin zur Analyse der Organisations- und Funktionsprinzipien der entwickelten sozialistischen Volkswirtschaft.[1])

Bei der Entwicklung eines solchen Konzepts mit verschiedenen Ebenen gewinnt die Ausarbeitung derartig abstrakter und verallgemeinerter Begriffe an Bedeutung,

[1]) А. Г. Аганбегян, К. А. Багриновский, А. Г. Гранберг, Система моделей народнохозяйственного планирования. Москва 1972. К. А. Багриновский, Модели и методы экономической кибернетики. Москва 1973.

die es ermöglichen, immer neue Ebenen im Aufbau der Forschungsobjekte abzubilden, das Wesen dieser strukturellen Hierarchie immer besser zu erschließen. Dementsprechend zerfallen im Rahmen einer einheitlichen Theorie die Begriffe nach ihrer Allgemeinheit in zwei oder mehr Klassen. Besondere Aufmerksamkeit wird in diesem Zusammenhang den Fragen ihrer gegenseitigen Subordination gewidmet. Eine solche Subordination von Begriffen wurde im Prinzip schon immer anerkannt. Ihre Formen sind aber bisher im Rahmen einer einzelnen Theorie außerordentlich selten untersucht worden. Die Abhängigkeit zwischen spezifischen Begriffen wurde vorrangig unter dem Gesichtswinkel ihrer Koordination erforscht. Bei der Abbildung komplexer Systeme, besonders bei der Abbildung hochorganisierter Systeme, werden in die Theorie Parameter aufgenommen, die in logischer Hinsicht verallgemeinerte, integrale Charakteristika von Begriffen sind, welche das Wesen niederer Ordnung ausdrücken. Die neuen Parameter werden nicht einfach zu den bereits bekannten hinzugefügt. Sie bezeichnen vielmehr eine bestimmte Geordnetheit der Parameter niederer Ebenen. Wegen dieser Geordnetheit werden sie gewöhnlich in die Theorie einbezogen. Als Beispiel derartiger Begriffe kann man die klassischen Begriffe ‚Massenmittelpunkt' und ‚Schwerpunkt' nehmen, die den Übergang von der Massenpunktmechanik zur Mechanik des starren Körpers ermöglichen.

Die Entwicklung von Vorstellungen über die Ebenen im Aufbau und der Organisation materieller Objekte und Systeme gehört zu den Voraussetzungen, die Natur des Lebens aufzuklären, insbesondere die Probleme der Regelung in lebenden Systemen zu erforschen.

Die prinzipielle Bedeutung abstrakt allgemeiner Begriffe und Vorstellungen wird in vielen Arbeiten zum Regelungsproblem unterstrichen. Bereits die ersten Arbeiten zur Physiologie der Aktivität haben auf die Notwendigkeit verwiesen, von der Existenz einer Suborganisationsstruktur der Regelung auszugehen, die dem gesamten Bewegungsapparat eigen ist. Eine weitere, nicht weniger wichtige Bedingung (und zugleich Resultat) dieser Forschungsarbeiten war die Aufdeckung des Charakters dieser Subordination. Dabei kommt einem inneren Modell von der Zukunft des Organismus besondere Bedeutung zu. N. A. Bernštejn schreibt dazu: „Die Festsetzung eines Zukunftsmodells als bestimmender Faktor verändert augenblicklich die Ordnung und Wechselbeziehung von Allgemeinem und Besonderem. Sowohl in den Wahrnehmungen als auch in den Handlungen des Organismus bestimmt das Allgemeine jene Voraussetzungen, die die Grundlage für konkretisierte Erscheinungen der physiologischen Aktivität bilden ...

Der Fakt, daß in Prozessen der Nerventätigkeit die allgemeine Aufgabe der speziellen Lösung dieser Aufgabe vorangeht, ist heuristisch für die zeitgenössische Physiologie von außerordentlicher Bedeutung und steht in engstem Zusammenhang mit jenen Vorstellungen, durch die die Konzeption von einem Reflexmosaik abgelöst wird ...

Immer mehr Daten werden darüber gewonnen, wie die Autonomie niederer Regelungssysteme des Gehirns für in höchstem Grade zielgerichtete Aktivitäten der Gliedmaßen, der Augäpfel u. a. erreicht wird. Ein solcher Prozeß, der dem Organismus eine hohe Anpassungsgeschwindigkeit und -genauigkeit verleiht, ist wiederum nur auf der Grundlage jenes Zukunftsmodells möglich. Hier erschließen sich völlig neue Horizonte bei der Aufklärung zielgerichteter Aktivitäten in Regelungssystemen, die von den Organismen im Laufe ihrer phylogenetischen Entwicklung herausgebildet wurden und in vielerlei Hinsicht von den in künstlich geschaffenen Systemen mit Selbstorganisation abweichen.“[1])

Diese Forschungen zum Charakter der Wechselbeziehungen und der gegenseitigen Bedingtheit verschiedener Ebenen in der Struktur lebender Systeme werden

---

[1]) Н. А. Бернштейн, Вопросы философии 1965, № 10, стр. 72–73.

gegenwärtig in vielfältigsten Untersuchungen zu Fragen der Steuerung und Regelung weitergetrieben.[1])

Im Zusammenhang mit den Untersuchungen lebender Systeme ist die prinzipielle Bedeutung einer Klassifizierung von Begriffen einer Theorie nach ihrer Allgemeinheit recht offensichtlich geworden. Die Untersuchungen von Beziehungen zwischen den Begriffen verschiedener Klassen und die Analysen der Übergangsmechanismen von verschiedenen Wegen im Erkenntnisprozeß werfen schwerwiegende Probleme auf. Zur Analyse dieser Fragen benötigen wir die sich entwickelnde Informationstheorie.

Diese Theorie ermöglicht die Weiterentwicklung unserer Vorstellungen von der strukturellen Organisation der Materie. Erkenntnisse über materielle Objekte und Systeme werden in der Sprache von Eigenschaften und einiger anderer Charakteristika (beispielsweise der Wellenfunktion in der Quantenmechanik) ausgedrückt, die Informationen über die entsprechenden Objekte darstellen. Da in einer solchen Sprache Verhalten, Wechselwirkung, Funktion und Struktur der Objekte und Systeme ausgedrückt sind, kann man diese Charakteristika als codierte Aufzeichnung des realen Seins der Objekte und Systeme ansehen. Diese Sprechweise ist zunächst nur eine Veränderung der Bezeichnung. Wäre sie aber darüber hinaus bedeutungslos, so müßte man sie hier gar nicht erst erwähnen, Die Anwendung eines Codes gestattet es jedoch, bei der Analyse der betrachteten Charakteristika bestimmte Vorstellungen aus der Kybernetik zu übernehmen. Zu nennen sind vor allen Dingen die Existenz verschiedener Informationscodierungsebenen (verschiedener Codes, Alphabete) und die allgemeinen Gesetzmäßigkeiten des Zusammenhangs niederer und höherer Codes, der Umcodierung von Informationen.

Größtes Interesse verdienen dabei die Beziehungen

---

[1]) И. Гельфанд, В. Гурфинкель, М. Цетлин, О тактиках управления сложными системами в связи с физиологией. В: Биологические аспекты кибернетики. Москва 1962.

verschiedener Codes, die Besonderheiten des Überganges von einem, dem niederen, zu einem anderen, dem höheren, Code. N. M. Amossov beispielsweise hat eine Reihe von Feststellungen getroffen, die die Umcodierung einer Information durch höhere Codes betreffen.[1]) Davon sind vor allem festzuhalten:

1. Einen höheren Code erhält man durch Integration der in einem niederen Code übertragenen Information. Das heißt, die Zeichen des höheren Codes sind Charakteristika von Systemen, die aus den Zeichen des niederen Codes gebildet wurden.
2. Ein höherer Code ist aufnahmefähiger und abstrakter. Beim Übergang zu einem höheren Code werden größere Informationsmengen durch ein Zeichen des Codes substituiert.
3. Die Aussonderung der Zeichen des höheren Codes aus der mit niederen Codes übertragenen Informationsmenge erfolgt nicht starr determiniert.
4. Wenn die Verfahren der Umcodierung bekannt sind, kann man aus der in einem niederen Code hergestellten Information viele höhere Codes ableiten. Die umgekehrte Prozedur ist nicht ohne einen beträchtlichen Informationsverlust möglich.
5. Vollständigkeit der Information über ein System ist nur dann zu erreichen, wenn diese die Sprache eines niederen Codes mitenthält.
6. Je komplexer ein System ist, um so mehr Ebenen und Verfahren der Codierung enthält es.

Die betrachteten Beziehungen zwischen den Codes, zwischen den Zeichen, die zu verschiedenen Codierungsebenen gehören, bringen im Prinzip die Grundprobleme zum Ausdruck, die bei der Analyse von Verallgemeinerungsprozessen im Erkenntnisprozeß aufgeworfen werden. Zeichen, die zu verschiedenen Informationscodierungs-

---

[1]) Н. М Амосов, Регуляция жизненных функций и кибернетики Киев 1964.
Н. М Амосов, Вопросы философии 1963, № 12.

ebenen gehören, entsprechen dabei den Begriffen unterschiedlichen Allgemeinheitsgrades. Auf jeden Fall stützt sich die Ausarbeitung dieser Vorstellungen über Codierungsebenen auf die entsprechenden Vorstellungen über Begriffe. Es genügt hier, daran zu erinnern, daß die allgemeinen Begriffe die Existenz einer bestimmten Ordnung, eines bestimmten Systems gegenseitiger Beziehungen in der Masse der Erscheinungen zum Ausdruck bringen. Das Allgemeine ist keine mechanische Vereinigung einzelner Erscheinungen. Die allgemeinen Begriffe liefern jene Grundlagen, die zu einer Synthese unserer Erkenntnisse im Rahmen eines ganzheitlichen Systems führen. Diese Synthese aber wird auf der Grundlage jener strukturellen Organisation realisiert, über die das Besondere in das Leben einbezogen ist. Die Beziehungen des Allgemeinen, Einzelnen und Besonderen sind zutiefst dialektischer Natur. LENIN hat diese Dialektik hervorgehoben, als er feststellte: „Das Einzelne existiert nicht anders als in dem Zusammenhang, der zum Allgemeinen führt. Das Allgemeine existiert nur im Einzelnen, durch das Einzelne. Jedes Einzelne ist (auf die eine oder andere Art) Allgemeines. Jedes Allgemeine ist (ein Teilchen oder eine Seite oder das Wesen) des Einzelnen. Jedes Allgemeine umfaßt nur annähernd alle einzelnen Gegenstände. Jedes Einzelne geht unvollständig in das Allgemeine ein usw. Jedes Einzelne hängt durch Tausende von Übergängen mit einer anderen Art Einzelner (Dinge, Erscheinungen, Prozesse) zusammen usw. *Schon hier* haben wir Elemente, Keime des Begriffes der *Notwendigkeit*, des objektiven Zusammenhangs in der Natur etc. Zufälliges und Notwendiges, Erscheinung und Wesen sind schon hier vorhanden ...“[1])

Der Charakter der Beziehungen zwischen Parametern, die verschiedene Codierungsebenen der Information zum Ausdruck bringen, wurde bei der Analyse von Begriffen unterschiedlichen Allgemeinheitsgrades eigentlich längst

---

[1]) W. I. LENIN, Philosophische Hefte. In: LW. Berlin 1968, Bd. 38, S. 340.

implizit berücksichtigt. Beispielsweise kann man diese Aspekte bei der in der Geschichte der Philosophie nicht selten betrachteten Begriffsreihe ‚Apfel‘ — ‚Frucht‘ — ‚organischer Körper‘ — ‚materielles Objekt‘ feststellen.

Im Falle komplizierter selbstregulierender Systeme sind die Beziehungen zwischen den Codes, zwischen den Begriffen verschiedenen Allgemeinheitsgrades relativ unabhängig, autonom. Jeder Code (jede Codierungsebene) verfügt über eigene „Freiheitsgrade“. Die Existenz autonomer Codierungsebenen zeigt sich an den Besonderheiten, dem Charakter, der Determination der Eigenschaften und des Verhaltens von Objekten in komplexen Systemen. Die Determination verfügt ebenfalls über eine hierarchische Ordnung. Da der höhere Code durch Integration der im niederen Code übertragenen Information erhalten wird, bestimmt auch die Determination der Charakteristika auf der Ebene des höheren Codes lediglich integral die Charakteristika auf der Ebene des niederen Codes. Mit den Umcodierungsregeln ist der Rahmen und der Charakter der jeweiligen Autonomie festgelegt. Die theoretischen und experimentellen Forschungsarbeiten in der Biologie gehen von der Anerkennung einer bestimmten Autonomie in den Beziehungen der molekularen Komponenten im Zellverband, der Zellen im Organismus, der Organismen in der Art und der Art in der Biozönose aus. Nur wenn man eine derartige Autonomie anerkennt, ist es möglich, die grundlegenden und spezifischen Züge lebender Systeme — innere Aktivität, zielgerichtete Funktion und Verhalten — zu untersuchen und aufzuklären.

Die Vorstellungen über die Codierungsebenen und insbesondere über die Umcodierungsregeln, die Regeln für den Übergang vom niederen zum höheren Code und umgekehrt, sind Ausdruck gegenwärtiger Forschungsmethoden bei der weiteren Aufklärung der strukturellen Organisation der Materie. Eine ähnliche Problematik finden wir zwischen den physikalischen und chemischen sowie den physikalisch-chemischen und biologischen Begriffen und Theorien. Die chemischen und die biologischen treten dabei jeweils in logischer Beziehung als verallgemeinerte Charakteristika der vorher genannten auf.

Die Idee von den autonomen Codierungsebenen und den Umcodierungsregeln gestattet es, das Wesen des Mathematisierungsprozesses unseres Wissens besser zu verstehen. Es wurde schon ausgeführt, daß das Wesen der Mathematisierung in der Erarbeitung einer entsprechenden Sprache, eines entsprechend entwickelten Stils theoretischen Denkens besteht. Vom Standpunkt der hier vorgestellten Idee von den Codierungs- und Determinationsebenen bedeutet der Mathematisierungsprozeß des Wissens in bestimmten Bereichen der Wirklichkeit, daß die entsprechenden Erkenntnisse ein so hohes Entwicklungsniveau erreicht haben, daß für ihre innere Organisation die Notwendigkeit besteht, aus der vorhandenen Information einen höheren Code abzuleiten. Die höheren Codes stellen als abstraktere und verallgemeinerte Codes die Mathematik dar. Die Erforschung der Abhängigkeiten zwischen den Zeichen höherer Codes in den Grenzen dieser höheren Codes allein stellen den Gegenstand der reinen Mathematik dar. Derartige Untersuchungen sind infolge der relativen Autonomie verschiedener Codes möglich. Gleichzeitig wird aber, wie bereits erwähnt, Vollständigkeit der Information über ein bestimmtes reales Objekt in den Forschungsarbeiten nur in dem Falle erzielt, wenn bei der theoretischen Reproduktion des Objekts alle Codes, eingeschlossen die niederen, benutzt werden. Es ist überflüssig hinzuzufügen, daß vom materialistischen Standpunkt die Herausbildung höherer Codes eine objektive Grundlage besitzt. Mit ihnen dringt die Erkenntnis zum Wesen höherer Ordnung der jeweils untersuchten Objekte vor. Der Zusammenhang zwischen verschiedenen Codes (die Umcodierungsregeln) bildet den inneren Aufbau dieser Objekte ab.

2.2. *Grundsätzliche Aufgaben der Systemsynthese*

Die Entwicklung der Vorstellungen über bestimmte Systeme sind eng mit der Entwicklung und Herausbildung der entsprechenden Methoden ihrer Erforschung verbunden. Mehr noch, die Analyse der Besonderheiten der Methoden zur Erforschung dieser Systeme ist eine notwendige Voraussetzung, eine notwendige Bedingung für die Ausarbeitung der Vorstellung von den Systemen selbst. Die Ausarbeitung der Methoden zur Erforschung eines bestimmten Objektes werden manchmal derart forciert, daß sie der Ausarbeitung einer entsprechenden Theorie vorauseilen. Das hatte die Beobachtung Dysons illustriert. Studenten beginnen die Quantenmechanik zu beherrschen, wenn sie die quantenmechanischen Methoden zur Lösung von Aufgaben beherrschen. Ihr Methodenverständnis ist dabei ausgeprägter als ihr Theorieverständnis.

Die strukturellen Verfahren bei der Erforschung von Systemen werden in der Regel dadurch charakterisiert, daß sie gleichzeitig deren Aufbau und Funktion analysieren. Darin liegt zugleich auch eine Spezifik der Systemforschung. Um die Besonderheiten der system- und strukturtheoretischen Methoden hervorzuheben, betrachten wir zunächst zwei Klassen von Methoden, die historisch älter sind.

Beginnen wir mit der makroskopischen oder rein funktionalen Methode. Diese untersucht Eigenschaften und Verhalten von Gesamtsystemen, d. h., sie untersucht solche Eigenschaften, die die Gemeinsamkeiten im Verhalten von Elementen des Systems unter äußerer Wechselwirkung charakterisieren. Dabei kann der Umstand berücksichtigt werden, daß die Systeme aus einzelnen Elementen bestehen. Die Natur der inneren Kräfte, die Gesetze der Wechselwirkungen und Wechselbeziehungen zwischen den Elementen und ihren entsprechenden Eigenschaften (die auch ihren Zusammenhang im System bedingen) bleiben in ihrer Grundlage unbekannt. So ist uns beispielsweise bekannt, daß der Atomkern aus Protonen und Neutronen besteht. Da allerdings die Natur der Kernbindungskräfte gegenwärtig noch nicht völlig geklärt ist, gibt es bislang noch keine hinreichend befriedigende Theorie des Atomkerns als einer bestimmten Klasse von Systemen. Einige Zusammenhänge zwischen den Elementen des Systems werden aus der Untersuchung des äußeren Verhaltens des Systems in seiner Gesamtheit abgeleitet. Dabei wird der Einfluß bestimmter äußerer Einwirkungen berücksichtigt und über Parameter abgeschätzt, die für das System als Ganzes gelten und unmittelbar aus der Erfahrung abgehoben werden. Diesen Weg der Erkenntnis, auf dem man von den allgemeinen Systemeigenschaften zu den Eigenschaften ihrer Elemente kommt, kann man auch als ein Vorgehen bezeichnen, mit dem sich die Forschung dem System von außen nähert.

Die makroskopischen Methoden finden in der zeitgenössischen Wissenschaft bei der Erforschung verschiedenster Systeme weite Verbreitung. In der Kybernetik werden diese Methoden sowohl bei der Erforschung der kompliziertesten Systeme als auch bei den unabhängigen Untersuchungen der Teilsysteme (Elemente) benutzt. In der Kybernetik wurde sogar eine spezielle Sprache entwickelt, der die Konzeption der black-box zugrunde liegt.[1]) Mit dieser Methode lassen sich solche Klassen von Aufgaben lösen, wie Bestimmung von Informationsströmen, Erschließung eines Informationscodes, Untersuchung der Funktionen von selbstregulierenden Systemen und Untersuchung des Funktionierens dieser Systeme. Ein solches Verfahren besitzt aber enge Grenzen und gestattet es nicht, den Aufbau selbstregulierender Systeme vollständig aufzuklären. Ihm kommt vor allem im ersten Stadium der Untersuchung derartiger Systeme eine große Bedeutung zu.

---

[1]) W. Ross Ashby, Einführung in die Kybernetik. Frankfurt/M. 1974.

Das Vordringen menschlicher Erkenntnis in die Materiestruktur, die Suche nach den fundamentalen Einheiten der Materie hat immer mit rein funktionalen Forschungsmethoden begonnen. Die Idee des Atomismus selbst ist eine geniale Vermutung griechischer Naturphilosophen, die mit Beobachtungen von gewöhnlichen Substanzumwandlungen gestützt wurde. Die Vorstellungen von Atomen und Molekülen sind in die kinetische Gastheorie hypothetisch eingebracht worden. Grundlage dazu waren phänomenologische Analysen chemischer und thermodynamischer Prozesse. Die Herausbildung atomistischer Vorstellungen in der Chemie verlief ebenso. Die Existenz von Genen wurde auf der Grundlage der formalen Genetik vorausgesagt, lange bevor sie unmittelbarer Erforschung zugänglich waren. Die Quarkhypothese in der Elementarteilchentheorie stützt sich auf die Untersuchung äußerer Erscheinungen von Symmetrieeigenschaften stark wechselwirkender Teilchen. J. B. ZEL'DOVIČ sagte einmal: „Die Einsicht in innere Ursachen über ihre äußere Erscheinung kann möglicherweise das Wichtigste, das Wertvollste an der ganzen Theorie sein.“[1])

Den anderen Weg der Erkenntnis von Systemen kann man als streng mikroskopische Methode oder als den Weg ihrer Erkenntnis von innen bezeichnen. Dabei geht man lediglich von den Kenntnissen über die Objekte aus, die das System bilden. In diesem Falle ist man versucht, die Eigenschaften, die die Einheitlichkeit des Verhaltens der Systeme charakterisieren, allein und vollständig aus den Eigenschaften ihrer Bestandteile abzuleiten. Folglich wird vorausgesetzt, daß die Systemeigenschaften insgesamt keinen Einfluß auf die Eigenschaften ihrer Bestandteile ausüben. Streng mikroskopische Methoden sind außerordentlich verbreitet bei der Untersuchung von mechanischen Systemen. Sie haben aber auch eine wichtige Bedeutung bei der Erforschung komplizierter selbstregulierender Systeme in der Kybernetik. Sie

---

[1]) Я. Б. Зельдович, УФН 1965, т. 86, вып. 2, стр. 313.

gestatten es, solche Aufgaben zu lösen wie Untersuchung der Elemente von Systemen, der Kopplungen zwischen den Elementen; Fragen der Algorithmisierung, der Synthese und der Evolution von selbstregulierenden Systemen.

Es muß besonders hevorgehoben werden, daß das rein mikroskopische Verfahren der Erkenntnis von Systemen annimmt, daß die Eigenschaften von Elementen unabhängig und außerhalb vom System hinreichend genau bestimmt werden können. Darin liegt auch die Schwäche dieses Verfahrens. Aus allgemeinen Feststellungen der Erkenntnistheorie folgt bereits, daß das Studium der Eigenschaften von Objekten Erfahrungen darüber einschließen soll, welche Systeme diese Objekte zu bilden vermögen und welchen Einfluß sie auf die Struktur der Systeme ausüben. Entsprechende Eigenschaften der Systemelemente werden durch die Charakteristika der Systeme selbst ausgedrückt, eingeschlossen die Charakteristika ihrer Strukturen. Die Erkenntnis eines Objekts schließt in sich die Kenntnis bestimmter Eigenschaften jener Systeme mit ein, in die es eingehen kann. Daraus folgt, daß Untersuchungen von Eigenschaften und Gesetzen des Objektverhaltens im Systemverband direkte und unmittelbare Untersuchungen der Systeme selbst erfordern.

Man kann natürlich sagen, daß die Elemente gewissermaßen potentiell jene Charakteristika enthalten, die in erschöpfender Weise das Verhalten der Systeme bestimmen. Allerdings werden potentielle Möglichkeiten über ihre Erscheinung erschlossen. Deshalb stützen sich die Untersuchungen der potentiellen Möglichkeiten von Objekten im Verband der Systeme auf die direkte und unmittelbare Analyse der Systeme. Außerdem setzt ein rein mikroskopisches Erkenntnisverfahren von Systemen faktisch voraus, daß die Eigenschaften eines Objektes sich nicht ändern, d. h., die Untersuchung des Objektes im Verband der Systeme und außerhalb dieses Verbandes ergeben identische Resultate. Eine solche Annahme ist außerordentlich fragwürdig.

Die Untersuchungen von Elementen außerhalb und unabhängig von entsprechenden Systemen ist selbst in theoretisch hochentwickelten Disziplinen eine notwendige Etappe bei der Untersuchung realer Systeme. So gehen die experimentellen Untersuchungen der Elementarteilchen in der zeitgenössischen Physik ebenfalls von deren relativen Unabhängigkeit aus, obgleich an der gegenseitigen Abhängigkeit und Bedingtheit der Eigenschaften dieser Objekte kaum jemand zweifelt. Die modernen biophysikalischen Untersuchungen lebender Systeme stellen in vielem eine unabhängige Untersuchung ihrer Elemente dar. Bevor man von einem System als solchem spricht, muß man unbedingt etwas über die dieses System bildenden Objekte selbst wissen.

Schließlich vereinigt der dritte Weg der Erkenntnis von Systemen auf neuer Grundlage die beiden betrachteten Verfahren zur Erforschung des Systems (von innen und von außen). Man kann ihn deshalb einen synthetisierenden Weg nennen. Es handelt sich dabei um die eigentlichen System- und Strukturmethoden. Die Synthese der beiden beschriebenen Verfahren bringt unsere Kenntnisse über Systeme am natürlichsten und am adäquatesten zum Ausdruck. Als Beispiel für diese Methode kann man die Mechanismen, Maschinen, Automaten und alle anderen vom Menschen künstlich geschaffenen Systeme und Anlagen nehmen. Dabei werden die gegenseitige Bedingtheit und Bestimmtheit der Parameter der Systemgesamtheit und der Eigenschaften der einzelnen Elemente, die diese Systeme bilden, in wesentlicher Weise berücksichtigt. Wir wollen in diesem Zusammenhang beispielsweise auf elektrische und elektronische Schaltkreise verweisen. Als Elemente treten dabei Spannungsquellen und Ströme, Widerstände, elektronische Geräte u. a. auf. Es ist bekannt, daß die Eigenschaften der Schaltkreise in bedeutendem Maße durch die Parameter und Wechselwirkungen zwischen den Elementen bestimmt werden. Die Forderungen, die an Systeme gerichtet werden, führen oftmals zur Erarbeitung neuer

Elemente und Prinzipien ihres Zusammenschlusses. Die Schaffung neuer Elemente kann aber anderseits auch zur Schaffung neuer Systeme führen. In das Wissen von den Systemen geht in diesem Fall das Wissen von den Parametern des Gesamtsystems und das Wissen von den Parametern einzelner Elemente ein. Diese beiden Arten von Parametern bedingen und ergänzen einander.

Besonderes Merkmal solcher materieller Systeme ist die Tatsache, daß sie künstlich sind, von Menschenhand geschaffen wurden. Die Erkenntnis von Systemen und Elementen geht in diesem Fall Hand in Hand mit ihrer Konstruktion.

Bei der Behandlung von Strukturmethoden in der Erkenntnis von Systemen, beim eigentlichen Systemkonzept erlangt die Analyse des Zusammenschlusses der Mikro- und Makrocharakteristika von Systemen allergrößte Bedeutung. Objektive Grundlage dieser Synthese der Charakteristika des Gesamtsystems und seiner einzelnen Elemente ist die Struktur der Systeme. Die Erarbeitung von Wegen und Methoden einer solchen Synthese bedeutet die Erkenntnis der Struktur. Die Struktur bringt die Besonderheiten der Zusammensetzung und Arten oder Gesetze des gegenseitigen Zusammenhangs der Elemente in der Gesamtheit, das stabile System der Beziehungen zwischen den Elementen zum Ausdruck. Die Aufgabe von Strukturuntersuchungen besteht nun darin, die gegenseitige Abhängigkeit und Beeinflussung der Charakteristika des Gesamtsystems und seiner Komponenten zu erschließen, um Anpasssung und Abstimmung in den Wirkungen der Elemente im Verband des stabilen Ganzen zu bestimmen.

Der Begriff der Struktur fließt in die Systemanalysen zusammen mit der Entwicklung von Vorstellungen über die Systeme ein und charakterisiert die Systeme vom Standpunkt der Einheit ihrer inneren Gliederung und ihres inneren Zusammenhanges.

Beim rein mikroskopischen Vorgehen in der Untersuchung von Systemen werden die entsprechenden Gebiete der Wirklichkeit vorrangig unter dem Blickwinkel ihrer Zergliederung betrachtet. Das makroskopische Vorgehen charakterisiert die Wirklichkeit und die entsprechenden Systeme stärker unter dem Blickwinkel ihres durchgängigen Zusammenhanges. Das prinzipiell Neue, was vom strukturellen Herangehen eingebracht wird, besteht darin, daß die Systeme vorrangig in ihrer dialektischen Einheit der Gliederung in konstituierende Elemente und deren inneren, gegenseitig bedingenden Zusammenhang betrachtet werden. Man kann sagen, daß das strukturelle Herangehen die Systeme in der inneren Einheit von Diskretem und Stetigem ihres jeweiligen Aufbaus erfaßt.

Mit der Entwicklung von Vorstellungen über Systeme haben sich auch die Vorstellungen über die entsprechenden Strukturen entwickelt. Gleichzeitig hat sich die Rolle von Strukturanalysen in den Systemuntersuchungen geändert. In den einfachen mechanischen Aufgaben haben die (ursprünglichen) Vorstellungen über die Struktur eine untergeordnete Rolle gespielt. Die Charakteristika selbst, die bei makroskopischen und mikroskopischen Untersuchungen auf unabhängige Weise gewonnen wurden, bestimmen den Charakter ihrer Synthese und korrigieren dabei im Prinzip unser Ausgangswissen über das System insgesamt und seine Elemente nicht. Der Wert der Makrocharakteristika ist in diesen Fällen gleich der Summe des Wertes der entsprechenden Mikrocharakteristika. Derartige Systeme werden oft summative oder additive Systeme genannt.

Für komplexe Systeme ist das Problem der Synthese von Elementen zu einem Ganzen weitaus schwieriger. In diesen Fällen werden die Synthesemethoden nicht nur von unserem Wissen der Mikro- und Makrocharakteristik selbst bestimmt. Hier sind noch eigenständige Strukturuntersuchungen erforderlich. Dabei erfolgen im Prozeß der Synthese entscheidende Korrekturen. Es handelt sich um ein Anpassen der Makro- und Mikrocharakteristika, die eine tiefere Erkenntnis der System- und Elementeigenschaften zur Folge hat. In Übereinstimmung damit erlangen direkte Methoden systemtheoretischer und struktureller Untersuchungen eine große Bedeutung. In diesen Methoden sind von Anfang an der Massencharakter und die Autonomie der Elemente, die Existenz von Ebenen der inneren Organisation der Systeme, ihre Offenheit und die Zielgerichtetheit ihres Verhaltens im äußeren Medium zu berücksichtigen.

Wie wir im weiteren sehen werden, liefern die wahrscheinlichkeitstheoretischen Methoden erste Ansätze zu derartigen Methoden. Dabei ist wesentlich, daß die Kopplungen zwischen den Charakteristika der Systeme, und vor allem die Kopplungen zwischen den Charakteristika der Elemente keinen direkten, sondern einen indirekten, vermittelten Charakter haben. Sie weisen auf den Strukturbegriff, ohne den diese Kopplungen nicht aufklärbar sind. Der vermittelte Charakter der betrachteten Zusammenhänge spielt eine fundamentale Rolle in systemtheoretischen und strukturellen Untersuchungen. Darauf basiert beispielsweise auch die relative Autonomie der Elemente in komplexen Systemen.

Das kann man an einem einfachen Beispiel erläutern. Denken wir an die Handlungen einer Gruppe von Menschen. Wenn die Beziehungen zwischen den Gruppenmitgliedern nach dem Prinzip der direkten persönlichen Abhängigkeiten voneinander aufgebaut sind, so muß sich das System insgesamt gehemmt verhalten. Wenn hingegen diese Beziehungen durch den Gedanken, einer gemeinsamen Sache zu dienen, vermittelt sind, dann können die Elemente eine maximale Aktivität und Autonomie unter Wahrung der Einheitlichkeit und Zielgerichtetheit des Handelns der ganzen Gruppe entfalten.

In Übereinstimmung mit den gegenwärtigen Vorstellungen entsteht ein zielgerichtetes Verhalten komplizierter selbstregulierender Systeme durch ein zielgerichtetes Verhalten der sie konstituierenden relativ autonomen Teilsysteme.[1]) Deshalb werden bei der Modellierung von Aufbau und Verhalten lebender Systeme in der Sprache der Automatentheorie diesen nicht einzelne Automaten zugeordnet, sondern vielfältige Automatensysteme. Dabei erlangen spieltheoretische Aufgaben eine besondere Bedeutung. Die Handlung eines jeden Teilsystems wird letztendlich von der Arbeit des gesamten komplexen Systems, in das es eingeht, und von der Umgebung bestimmt. Aber zu jedem Zeitpunkt löst jedes dieser Teilsysteme seine „individuelle" Aufgabe. Die Synthese der Wechselwirkungen der Teilsysteme wird in diesem Falle von den höheren Ebenen der Informationscodierung bestimmt: Eingabe, Veränderungsgesetze und Gewinnfunktionen (Matrizen). Diese Wechselwirkungen tragen vor allem Informationscharakter. Sie spielen vorrangig die Rolle eines Startstimulus, übertragen Kommandos, bestimmte Arbeitsmatrizen einzuschalten (Gewinnfunktionen). Danach funktionieren die Teilsysteme hinreichend selbständig.

Dank einer derartigen Hierarchie wird die Zuverlässigkeit und relative Einfachheit der Regelung erreicht. Es entfällt die Notwendigkeit, jedes Teilsystem zu regeln. Durch die Angabe der Gewinnfunktionen wird nicht nur die Selbständigkeit des Verhaltens von Teilsystemen, sondern auch die rationalste Lösung der gestellten Gesamtaufgaben garantiert.

Unsere Ausführungen über die Besonderheiten und den Charakter der Synthese in komplexen Systemen stellen zunächst einmal nur eine flüchtige Skizze der Ausgangspositionen dar. Die weitere Betrachtung dieser Fragen ist auf der Grundlage einer folgerichtigen Vertie-

---

[1]) In diesem Zusammenhang kommt den Untersuchungen von N. A. BERNŠTEJN über die Physiologie der Aktivität und den Arbeiten aus der Schule I. M. GEL'FAND zur Modellierung strukturell-funktioneller Organisation einer Reihe biologischer Systeme eine besondere Bedeutung zu. Siehe beispielsweise: Модели структурно-функциональной организации некоторых биологических систем. Москва 1966.

fung in das Wesen der konkreten Probleme dieser Synthese möglich, die bei der Entfaltung der Systemanalyse auftauchen.

2.3. Das Objekt als Element eines Systems

Die Entwicklung der Systemanalyse verändert den Charakter individueller Objekte in entscheidender Weise. Sie werden in derartigen Untersuchungen als Elemente bestimmter materieller Systeme angesehen, d. h., ihre Existenz und ihre Eigenschaften werden von Anfang an in Abhängigkeit von den anderen Elementen dieser Systeme gesehen.

Eine exakte Erkenntnis der strukturellen Organisation der Materie hat mit der Erkenntnis einzelner für sich allein genommener Objekte begonnen. Die Mechanik als erste mathematisierte naturwissenschaftliche Theorie hat ihre Entwicklung mit der Untersuchung der Gesetze räumlicher Translationen von Makrokörpern aufgenommen. In der Elektrizitätslehre ging es ebenfalls um die Untersuchung von Eigenschaften und Wechselwirkungsgesetzen einzelner geladener Teilchen. Die Chemie untersuchte zunächst Eigenschaften einzelner Substanzen. Die Biologie analysierte vor allem die Eigenschaften einzelner Vertreter aus der Tier- und Pflanzenwelt. In Übereinstimmung mit diesem ersten Konzept der Erforschung der Naturerscheinungen „teilte" sich die Welt in gesonderte Objekte, die absolut unabhängig voneinander existieren. Die jeweiligen Objekte wurden von der ganzen übrigen Welt abgetrennt, mit einer Bezeichnung versehen und als an sich existierend angesehen. Hinzuzufügen bleibt, daß natürlich auch die so „isolierten" Objekte nur über ihre Wechselwirkung mit anderen Objekten erkannt wurden, d. h. diese Isolation immer nur eine relative Isolation war. Die Objekte und ihre Eigenschaften allerdings wurden immer als absolut und voneinander unabhängig angesehen.

In diesem Zusammenhang ist es nicht uninteressant, an die folgenden ENGELSschen Feststellungen zu erinnnern: „Wenn wir die Natur oder die Menschengeschichte oder unsre eigne geistige Tätigkeit der denkenden Betrachtung unterwerfen, so bietet sich uns zunächst dar das Bild einer unendlichen Verschlingung von Zusammenhängen und Wechselwirkungen, in der nichts bleibt, was, wo und wie es war, sondern alles sich bewegt, sich verändert, wird und vergeht ... Aber diese Anschauung, so richtig sie auch den allgemeinen Charakter des Gesamtbildes der Erscheinungen erfaßt, genügt doch nicht, die Einzelheiten zu erklären, aus denen sich dieses Gesamtbild zusammensetzt, und solange wir dies nicht können, sind wir auch über das Gesamtbild nicht klar. Um diese Einzelheiten zu erkennen, müssen wir sie aus ihrem natürlichen oder geschichtlichen Zusammenhang herausnehmen und sie, jede für sich, nach ihrer Beschaffenheit, ihren besonderen Ursachen und Wirkungen etc. untersuchen ... Dies ist zunächst die Aufgabe der Naturwissenschaft und Geschichtsforschung ... eine wirkliche Naturwissenschaft datiert indes erst von der zweiten Hälfte des 15. Jahrhunderts, und von da an hat sie mit stets wachsender Geschwindigkeit Fortschritte gemacht. Die Zerlegung der Natur in ihre einzelnen Teile, die Sonderung der verschiedenen Naturvorgänge und Naturgegenstände in bestimmte Klassen, die Untersuchung des Innern der organischen Körper nach ihren mannigfachen anatomischen Gestaltungen war die Grundbedingung der Riesenfortschritte, die die letzten 400 Jahre uns in der Erkenntnis der Natur gebracht."[1])

Mit der Entwicklung der Naturwissenschaft wurde immer offensichtlicher, wie unzulänglich die Vorstellungen über isolierte Objekte bei der Darstellung der strukturellen Organisation der Materie sind. Das individuelle, isolierte Objekt wurde mehr und mehr als Vertreter einer bestimmten Klasse (eines Systems) von Objekten angesehen. Die Eigenschaften von Objekten wurden zunehmend als Wechselwirkungseigenschaften verstanden.

---

[1]) F. Engels, Dialektik der Natur. In: MEW. Berlin 1973, Bd. 20, S. 20.

Besonders anschaulich vollzieht sich dieser Prozeß in den kompliziertesten Fällen, die für die Dialektik immer von besonderem Interesse sind. Beispielsweise in der Biologie ist es völlig ausgeschlossen, die Organismen zu verstehen, indem man in ihnen ausschließlich einzelne Individuen sieht. Ohne Vorstellungen über die Art und die Bedingtheit der Individuen innerhalb der Art können wir selbst einen einfachen und so offensichtlichen Fakt nicht erklären wie die Teilung der Organismen in männliche und weibliche.

Die Ausarbeitung von Vorstellungen über Systeme und einzelne Objekte als Elemente von Systemen stellt eine der bedeutsamsten Errungenschaften der Atomistik in unserer Zeit dar.[1])

Die Erkenntnis einzelner Objekte im Rahmen eines Systems ist ein Weg zum tieferen Verständnis des Wesens dieser Objekte. Auf den ersten Blick mag es scheinen, daß der Übergang zur Erkenntnis eines Objektes als Element eines materiellen Systems nicht unbedingt zu einem tieferen Verständnis seiner inneren Eigenschaften und seines Wesens führt, weil dabei unser Interesse auf die strukturellen Wechselbeziehungen in den Systemen gerichtet ist und die Objekte selbst in den Hintergrund treten. Eine einfache vergleichende Analyse allerdings zeigt bereits, daß die Erkenntnis eines Objektes als Element strukturierter materieller Systeme zu einer tieferen Erkenntnis seiner Eigenschaften und seines Wesens führt. Das ist die Dialektik des Erkenntnisprozesses. Der Übergang vom Objekt zum System, zur Strukturuntersuchung einer zusammenhängenden Gesamtheit von Objekten ist auch gleichzeitig eine Vertiefung in das Wesen dieser Objekte selbst. Darin besteht eine der Besonderheiten der system- und strukturtheoretischen Forschungsmethoden.

Auf ein methodologisch bedeutsames Problem ist in diesem Zusammenhang noch gesondert einzugehen. Es

---

[1]) И. В. Кузнецов, Вопросы философии 1958, № 11, стр. 77.

genügt nicht, allein den Fakt zu konstatieren, daß die Erkenntnis im Rahmen von Systemen einem tieferen Eindringen in das Wesen dieser Objekte entspricht. Vielmehr noch gilt es, die gesetzmäßigen Tendenzen in diesem Prozeß herauszuarbeiten. Diese Aufgabe ist bislang nur ungenügend beachtet worden. Hier geht es vor allem darum, die Aufmerksamkeit auf die Gerichtetheit und die Auswahl der inneren Eigenschaften und Wechselwirkungen der Objekte in den Systemen zu lenken. Dabei unterliegen die Vorstellungen über diese Faktoren beim Übergang zu komplizierteren Systemen wesentlichen Veränderungen. Eine einfache räumliche Anisotropie innerer Eigenschaften im Falle einfachster physikalischer Objekte führt beim Aufstieg von der Physik zur Biologie zu einem adäquaten und zielgerichteten Verhalten bei Lebewesen als den höchsten Formen zielgerichteter Wechselwirkung in der Natur. Die Zielgerichtetheit und Auswahl der Komponenten eines Systems hängen sehr wesentlich mit einer anderen wichtigen Besonderheit dieser Komponenten zusammen, ihrer Spezialisierung im Rahmen des Systems. Man kann sogar konstatieren, daß stabile materielle Systeme sich nur dort bilden können, wo sich Komponenten auf Grund ihrer Spezialisierung gegenseitig bedingen und ergänzen.

Eine weitere wichtige Besonderheit von Objekten als Elemente materieller Systeme besteht darin, daß die strukturellen Kopplungen eines Systems dynamischen Charakter haben, d. h., der mikroskopische Zustand des Systems ändert sich in der Zeit ständig. Der Gegensatz zu dynamischen Kopplungen sind statische, also solche, die in der Zeit unveränderlich bleiben. Auf der Grundlage von Vorstellungen über statische Kopplungen ist es unmöglich, eine tiefe Analyse der Struktur materieller Systeme vorzunehmen. Trotzdem hält die erste Erkenntnis von Systemen die stabilsten Beziehungen in ihnen fest, die zunächst auch als statische interpretiert werden. Im weiteren erfolgt der Übergang von statischen zu dynamischen Kopplungen. Dabei wird für die theoretische

Naturwissenschaft ein bedeutsames Problem aufgeworfen. Ausgehend von den Begriffen der Statik, ist die Dynamik der entsprechenden Prozesse auszudrücken. In der Antike fand dieses Problem bei der Analyse der mechanischen Bewegung seinen Ausdruck in den ZENONschen Aporien. In der Physik unserer Zeit fand es seinen Ausdruck in den Diskussionen über die Natur GIBBSscher Ensembles. In der Chemie führten bereits die ersten Schritte beim Übergang von der Statik zur Dynamik in den Strukturvorstellungen der Moleküle zu scharfen Auseinandersetzungen um die von der Resonanztheorie aufgeworfenen Probleme.

Es ist hervorzuheben, daß in komplizierteren Fällen und vor allem in der Biologie der dynamische Charakter der Wechselbeziehungen zwischen den Elementen gewöhnlich zu keinerlei Zweifel Anlaß gibt. Mehr noch: In den biologischen Systemen gibt es einen ständigen Wechsel, eine ständige Erneuerung der Elemente selbst. Darin kommt eine noch wesentlichere Seite ihrer inneren Dynamik zum Ausdruck. Im Organismus erfolgt eine ständige Veränderung der chemischen Zusammensetzung der Zellen und ein ständiger Austausch dieser Zellen selbst. Das Leben einer biologischen Art erfordert einen ständigen Wechsel einzelner Individuen.

Das Wissen über biologische Systeme trägt gegenwärtig vor allem qualitativen Charakter, und entsprechende adäquate mathematische Erkenntnismethoden sind noch nicht genügend entwickelt. Es ist gut möglich, daß mit der Nutzung mathematischer Verfahren bei der Strukturanalyse in biologischen Systemen ebenfalls das Problem des Überganges von statischen zu dynamischen Auffassungen in spezifischer Weise aufgeworfen wird. Gegenwärtig wird die dynamische Kopplung zwischen den Elementen von Systemen in der Naturwissenschaft immer stärker berücksichtigt. Davon zeugen allein die vielfältigen Vorstellungen von den virtuellen Teilchen in der Physik.

Zusammenfassend kann man feststellen, daß die Erkenntnis einzelner Objekte als Elemente materieller

Systeme ein tieferes Eindringen in ihr Wesen bedeutet. Dabei wird der zielgerichtete Charakter ihrer inneren Eigenschaften und Wechselwirkungen, der hohe Grad an Spezialisierung der Objekte und die dynamische Natur ihrer Kopplungen in den Systemen aufgedeckt.

3. Starre Determination

Bekanntlich hat die Ausarbeitung der Newtonschen Mechanik einen großen Einfluß auf die nachfolgende Entwicklung der Naturwissenschaft ausgeübt. Im Verlaufe von nahezu 3 Jahrhunderten hat diese Theorie mindestens die Entwicklungsrichtung aller Wissenschaften über die anorganische Natur bestimmt.

Mit der Formulierung der Grundgesetze der Mechanik durch Newton fand die erste Etappe der Entwicklung dieser Theorie ihren Abschluß. In dieser Etappe dominierten noch reichlich verschwommene, in vielem unbestimmte, teilweise nicht miteinander zusammenhängende Vorstellungen. Man kann diese Etappe der Theorieentwicklung charakterisieren als eine Etappe der Beschreibung. Sie wurde abgelöst von einer Etappe, in der analytische Verfahren vorherrschten, in der die entscheidende Bedeutung der Mathematik bei der Formulierung fundamentaler Naturgesetze hervorgehoben wurde. Die seit der klassischen Mechanik vollzogene Verbindung der theoretischen Naturwissenschaft mit der Mathematik bindet den Fortschritt der Naturwissenschaft zugleich auch in gewisser Weise an den Fortschritt der Mathematik.

Die Herausbildung der klassischen Mechanik hatte auf die Entwicklung einer wissenschaftlichen Weltanschauung und damit auf die Entwicklung von Vorstellungen über die Materiestruktur einen enormen Einfluß. In Übereinstimmung mit dem entsprechenden physikalischen Weltbild wurde angenommen, daß Verhalten und Wechselwirkung sämtlicher Objekte des Universums den Gesetzen der klassischen Mechanik unterworfen sind. Damit wurde die universelle Gültigkeit der Mechanik begründet sowie der Weg ihrer Weiterentwicklung und ihrer Expansion in neue Forschungsgebiete abgesteckt. Die großartigen Erfolge der klassischen Naturwissenschaft, insbesondere der klassischen Physik, waren deshalb auch ein Triumph der mechanistischen Weltanschauung. Auf der Grundlage dieser Erfolge kam es zur Verabsolutierung des mechanistischen Weltbildes. LAGRANGE sah in NEWTON nicht nur ein Genie, sondern betonte auch das außerordentliche Glück, das diesem Genie widerfahren war, denn „das System der Welt kann man nur einmal entdecken.“[1])

Die klassische Mechanik beeinflußte die Entwicklung solcher philosophischer Kategorien wie Materie, Bewegung, Raum, Zeit, Kausalität, Zufall u. a. in entscheidender Weise. Bei der Betrachtung dieser Kategorien beschränkt man sich auch in unseren Tagen noch manchmal auf Überlegungen, die allein dem Geist dieser physikalischen Theorien entspringen. Dabei handelt es sich dann immer um anschauliche, mechanistische Modellvorstellungen über die Wirklichkeit. Daß das für eine philosophische Analyse nicht folgenlos bleiben kann, ist ohne weiteres einsichtig.

Mit der klassischen Mechanik wurde zugleich auch der für die klassische Physik bestimmende wissenschaftliche Denkstil geprägt.[2]) Dieser Stil kommt in der logischen Struktur einer Reihe physikalischer Theorien zum Tragen, die von der NEWTONschen Mechanik bis zur MAXWELLschen Elektrodynamik reicht. Dazu gehört faktisch auch noch die Relativitätstheorie, die aber bereits zu wesentlichen Änderungen in den physikalischen Anschauungen geführt hat. Die Einheit der Struktur dieser genannten Theorien kommt darin zum Ausdruck, daß die von ihr abgebildeten Gesetzmäßigkeiten ein und derselben Klasse zugehören. Diese Klasse von Gesetzmäßigkeiten wurde zunächst als Klasse der dynamischen Gesetzmäßigkeiten

---

[1]) Zitiert nach: S. I. WAWILOW, Isaac Newton. Berlin 1951, S. 204.

[2]) Ю. В. Сачков, Проблема стиля мышления в естествознании. В: философия и естествознание. Москва 1974, стр. 62–78.

bezeichnet. Eine solche Bezeichnung kann heute nicht mehr als adäquat angesehen werden. Die Dynamik wird nicht durch den Rahmen der klassischen Physik begrenzt. Heute spricht man deshalb in diesem Zusammenhang von einfachen dynamischen Gesetzmäßigkeiten, vom klassischen Determinismus oder den Gesetzmäßigkeiten starrer Determination.

Da die klassische Naturwissenschaft den Gesetzmäßigkeiten der starren Determination entscheidende Bedeutung zumaß und von anderen Klassen der Gesetzmäßigkeiten faktisch keinerlei Vorstellung hatte, wurden die spezifischen Züge dieser Gesetzmäßigkeiten als allgemeine Charakteristika aller Gesetze angesehen. Die Entwicklung der modernen Physik hat die Grenzen dieser Klasse von Gesetzmäßigkeiten aufzeigen können. Zwar hat es eine philosophische Kritik dieser vereinfachten Position auch früher bereits gegeben, aber erst die Physik unseres Jahrhunderts konnte mit der Ausarbeitung neuer Theorien ihre Kritik in der Sprache der Mathematik formulieren.

Gegenwärtig ist man sich darüber einig, daß die klassische Mechanik es in ihren Gesetzesformulierungen mit der einfachsten Klasse von Gesetzen zu tun hat.[1])

3.1. *Totale Eindeutigkeit des Zusammenhanges*

Als wesentliches Bestimmungsstück der Klasse der Gesetzmäßigkeiten starrer Determination sieht man gewöhnlich den ausnahmslos eindeutigen Charakter aller Zusammenhänge und Abhängigkeiten an, die im Rahmen der entsprechenden Vorstellungen und Theorien abgebildet werden. Wenn man die Zusammenhänge von Parametern eines einzelnen Objektes oder Systems analysiert, dann können zwischen ihnen nur eindeutige Zuordnungen

1) Современный детерминизм законы природы. Москва 1973. Современный детерминизм и наука. Новосибирск 1975, т. 1 и 2.

vorkommen. Wenn man das Verhalten eines Objektes — im System oder außerhalb — betrachtet, so kann dies in allen seinen Details nur eindeutig bestimmt sein. Negativ formuliert bedeutet das: Wenn es diesen eindeutigen Charakter der Zusammenhänge nicht gibt, kann man auch nicht von Gesetzmäßigkeiten starrer Determination sprechen. Mehr noch, vom Standpunkt dieser Klasse von Gesetzmäßigkeiten kann man in Fällen, in denen in irgendeiner Form die Eindeutigkeit verletzt wird, in denen Unbestimmtheiten auftreten, streng genommen gar nicht von den Gesetzen sprechen. Wir haben es dann lediglich mit unserem unvollständigen Wissen über die zu erforschenden Objekte zu tun, mit einem Zugang zur Wahrheit, über die wir aber noch nicht verfügen.

Das Problem der Eindeutigkeit spielt eine außerordentlich wichtige Rolle bei der Ausarbeitung der philosophischen Kategorien Notwendigkeit und Gesetzmäßigkeit. Kann die Notwendigkeit, die Gesetzmäßigkeit in sich die Durchbrechung der Eindeutigkeit bzw. die Unbestimmtheit organisch enthalten, oder muß man in derartigen Fällen nicht den Gesetzesbegriff aufgeben?

Da die Vorstellungen über einfache dynamische Gesetzmäßigkeiten vor allem auf der Grundlage der Entwicklung der klassischen Mechanik ausgearbeitet wurden und im wesentlichen bis heute mit ihren Erkenntnissen verquickt sind, ist es notwendig, kurz auf die wesentlichen Gedanken und die Grundaufgabe dieser Theorie einzugehen. Die klassische Mechanik untersucht die Gesetze mechanischer Bewegungen von Makrokörpern, also Gesetze ihrer Ortsveränderungen unter dem Einfluß äußerer Kräfte oder im kräftefreien Fall. Dabei behandelt sie nur Bewegungen mit Geschwindigkeiten, die klein gegenüber der Lichtgeschwindigkeit sind. Makrokörper werden von dieser Theorie in ihrer Isolation betrachtet, so als würden sie absolut unabhängig voneinander existieren.

Für die Abbildung einfacher mechanischer Translokationen wurde ein ideales Bewegungsmodell geschaffen, das das Wesen der Bewegung erfaßt und zweitrangige, die Untersuchung erschwerende Faktoren ausschließt. Das ist das Modell der Bewegung eines Massenpunktes in einem Bezugssystem. Dabei modelliert der Massenpunkt den Makrokörper und das Bezugssystem die gesamte Umgebung des Körpers.

Um die mechanischen Eigenschaften von Makrokörpern zu charakterisieren, ist ein relativ geschlossenes Begriffssystem geschaffen worden. Dazu gehören solche Begriffe wie Masse, Geschwindigkeit, Impuls, Beschleunigung, Ort (Koordinate), Kraft, Energie u. a. Jeder dieser Begriffe kann streng quantitativ (durch einen entsprechenden Zahlenwert) bestimmt werden. Zu einem bestimmten Zeitpunkt verfügen alle Größen, die den Makrokörper charakterisieren, über streng bestimmte Werte. Man spricht davon, daß der Körper sich in einem Zustand befindet, der durch die Zahlenwerte seiner Parameter gegeben ist. Die Veränderung der Parameter in der Zeit ist eine Zustandsänderung des Untersuchungsobjektes. Infolge der Zusammenhänge zwischen den mechanischen Größen, die von den Gesetzen der Mechanik erfaßt werden, sind nicht alle Größen unabhängig. Um den Bewegungszustand eines Makrokörpers anzugeben, genügt es, seine Lage im Raum und seinen Impuls anzugeben.

Die Grundaufgabe der klassischen Mechanik besteht darin, bei gegebenen Kräften die Bahn eines sich bewegenden Makrokörpers zu bestimmen. Diese Aufgabe wird auf der Grundlage der Gesetze (Gleichungen) der Mechanik gelöst. Man benötigt dazu die Kenntnis des Ausgangszustandes und der auf den Körper einwirkenden Kräfte. Die NEWTONschen Gesetze bringen die Struktur der Zustandsänderungen von Makrokörpern zum Ausdruck. Wenn der Anfangszustand und die auf ihn einwirkenden Kräfte gegeben sind, kann über diese Gleichungen ein beliebiger anderer Zustand bestimmt werden. Dabei ist von Bedeutung, daß die Bewegungsbahn eines Makrokörpers in der Mechanik immer eindeutig bestimmt ist. Jeder mögliche Zustand eines Makrokörpers wird durch starr determinierte Zahlenwerte aller seiner Parameter eindeutig festgelegt. Wenn die Bahn eines Makrokörpers nicht eindeutig bestimmt ist oder die Werte einiger Parameter unbestimmt sind, muß man sagen, falls man an den Positionen der klassischen Mechanik selbst festhält, daß wir noch nicht über die Lösung der Aufgabe verfügen bzw. daß die Analyse der Situation über den Rahmen der Mechanik hinausführt.

Die logische Struktur der historisch auf die klassische Mechanik folgenden Theorien der klassischen Physik sind ihrem Wesen nach analog dem Schema der klassischen Mechanik. Während diese den Korpuskelaspekt im Aufbau der Materie zum Ausdruck brachte, bildete die Elektrodynamik logisch im Prinzip mit denselben Schemen die Besonderheiten des Aufbaus der Materie vom Standpunkt des Wellenaspektes ab.

Die gesamte Klasse einfacher dynamischer Gesetzmäßigkeiten ist durch die Eindeutigkeit all ihrer Zusammenhänge charakterisiert. Wenn wir, allein davon ausgehend, philosophische Verallgemeinerungen formulieren, werden wir zu der Behauptung geführt, daß die Aufgabe wissenschaftlicher Forschung in der Feststellung eindeutiger Zusammenhänge zwischen Elementarereignissen besteht. Nur solche Zusammenhänge kann man als notwendige Zusammenhänge ansehen, die die wahre Gesetzmäßigkeit abbilden. Wie weit aber reicht ein solches Prinzip? Zeigt sich die Notwendigkeit immer nur in Gestalt eindeutiger Zusammenhänge zwischen Elementarereignissen, oder gibt es nicht in der enormen Vielfalt von Ereignissen auch andere Zusammenhangsformen? Kommt es nicht der Wahrheit näher, wenn man die eindeutigen Zusammenhänge zwischen den Ereignissen als die einfachste Erscheinungsform der Notwendigkeit ansieht?

Der LAPLACEsche oder klassische Determinismus war jene philosophische Konzeption, in der das Schema der einfachen dynamischen Gesetzmäßigkeiten verabsolutiert wurde. Die Grenzen dieser Konzeption wurden bei der Erforschung großer Objektgesamtheiten und dem

Verhalten einzelner Objekte in diesen Gesamtheiten besonders deutlich. Diese Grenzen wirkten sich also beim Übergang zur spezifischen Erforschung von Systemen und bei der Ausarbeitung der ihnen adäquaten Forschungsmethoden aus.

Auch die oft zitierte Aussage von LAPLACE, die als klarster Ausdruck des klassischen (LAPLACEschen) Determinismus gilt, wurde im Zusammenhang mit dem Versuch formuliert, das logische Schema der Gesetzmäßigkeiten der klassischen Mechanik auf die gesamte, als System von Körpern unterstellte Natur zu übertragen. LAPLACE behauptete: „Eine Intelligenz, welche für einen gegebenen Augenblick alle in der Natur wirkenden Kräfte sowie die gegenseitige Lage der sie zusammensetzenden Elemente kennte und überdies umfassend genug wäre, um diese gegebenen Größen der Analysis zu unterwerfen, würde in derselben Formel die Bewegungen der größten Weltkörper wie des leichtesten Atoms umschließen, nichts würde ihr ungewiß sein und Zukunft wie Vergangenheit würden ihr offen vor Augen liegen."[1])

In Übereinstimmung mit den Anschauungen des klassischen Determinismus werden als Zusammenhänge, die wahre Systemgesetze auszudrücken vermögen, nur solche angesehen, die auf eindeutige Weise das Verhalten jedes dieser Objekte in einem System bestimmen. Das Verhalten eines Objektes im System wird durch das Verhalten aller übrigen Objekte eindeutig festgelegt. In diesem Zusammenhang spricht man von starrer Determination jedes Systemelementes.

Diese Anschauungen garantierten vor allem einen Fortschritt für die Mechanik selbst. Sie waren die Voraussetzung für die Ausarbeitung der Mechanik des starren Körpers und der Kontinuumsmechanik. Sie waren aber denkbar ungeeignet, kompliziertere Erscheinungen, wie beispielsweise biologische und soziale Systeme, adäquat abzubilden.

---

[1]) P. S. LAPLACE, Philosophischer Versuch über die Wahrscheinlichkeit. Leipzig 1932, S. 1/2.

Um noch klarere Vorstellungen über die starre Determination zu bekommen, wollen wir ein Gedankenexperiment diskutieren. Stellen wir uns ein Kollektiv von Individuen vor, das nach den Prinzipien der starren Determination funktioniert. Starre Determination bedeutet, daß ein beliebiges feststellbares Detail im Verhalten eines jeden Individuums, begonnen mit seiner Selbstaufopferung bis zur kleinsten Muskelbewegung, auf eindeutige Art mit den Details im Verhalten aller anderen Individuen verbunden ist, auf eindeutige Weise von der Struktur des Systems bedingt ist. Wenn in einem solchen Kollektiv eines der Individuen die Initiative an sich reißt, dann kann ein derartiges System nur funktionieren, wenn alle anderen über keinerlei Eigeninitiative mehr verfügen. Denn bereits wenn zwei Individuen mit Eigeninitiative handeln, wird die Funktion des Systems aufgehoben, da Eigeninitiative bestimmte unabhängige und selbständige Lösungen und Tätigkeiten voraussetzt, die nach der Strategie starr determinierter Systeme ausgeschlossen sein müssen.

Das Schema starrer Determination negiert demnach jegliche Autonomie im Verhalten der Elemente im Rahmen eines Systems. Darin besteht zugleich seine Kraft und seine Schwäche. Es ist für den Fortschritt der klassischen Physik und der auf ihrer Grundlage sich entwickelnden Technik von großem Nutzen gewesen. Es war aber, wie wir gesehen haben, absolut ungeeignet für die Abbildung der Struktur komplexer Systeme.

Die Kritik an der Konzeption des LAPLACEschen Determinismus entfaltete sich in dem Maße, wie die Dialektik in die Naturwissenschaften eindrang. Eine konstruktive Kritik an der Verabsolutierung des Schemas der starren Determination haben die wahrscheinlichkeitstheoretischen Forschungsmethoden ermöglicht. Die Naturwissenschaft hat in diesem Zusammenhang auf der Ebene der mathematisierten Theorie eine neue Klasse von Gesetzmäßigkeiten erschlossen. Wie wir im weiteren sehen werden, ist damit bereits der klassische Determinismus in Frage gestellt. Allein der Fakt, daß derartige Gesetze existieren, spricht von der Begrenztheit des Schemas der starren Determination.

Obwohl gegenwärtig diese Grenzen sehr klar erkannt sind, bedeutet das keineswegs, daß dieses Schema für die moderne Naturwissenschaft nutzlos geworden sei. Das betrifft nicht nur das Gebiet der klassischen Physik, wo es entstand und mit dem es auf ewig verbunden bleibt. Auf der Basis der starren Determination vollzog sich faktisch bis heute die gesamte Entwicklung des wissenschaftlich-technischen Fortschritts. Praktisch alle vom Menschen geschaffenen Maschinen, Mechanismen und Automaten bis hin zu den kompliziertesten kybernetischen Anlagen funktionieren nach dem Prinzip der starren Determination.

Die Entwicklung der Computer, die zur Erhöhung der Rechengeschwindigkeit, zur Verkleinerung der Bauelemente (auf der Grundlage neuer physikalischer Prinzipien) und zur Automatisierung der Programmierung führt, berührt das Prinzip der eindeutigen Determination noch nicht. Letztlich ist eine derartige Vervollkommnung kybernetischer Systeme mit der Vergrößerung der Zahl der Bauelemente und mit der Erarbeitung neuer Verknüpfungsschemen verbunden. Mit der zunehmenden Kompliziertheit technischer Systeme und der Erhöhung der Anforderungen an die Genauigkeit ihrer Funktion verringert sich aber die Zuverlässigkeit derartiger Systeme in beängstigender Weise. Bereits beim Ausfall eines einfachen Elementes, bei einem beliebigen Fehler in der Verknüpfung von zwei Elementen, kommt es zur vollkommenen Verzerrung der Resultate. Die Erhöhung der Zuverlässigkeit starr determinierter Systeme wird dadurch erreicht, daß wichtige Elemente und Verbindungen zwei- bzw. sogar dreifach vorhanden sind. Es ist verständlich, daß dieser Weg nicht die endgültige Lösung des Problems darstellen kann.

In der zweiten Hälfte des 20. Jahrhunderts hat sich deshalb das Interesse an den Prinzipien der Organisation und Funktion lebender Systeme erhöht. Es geht heute darum, über die Erforschung selbstorganisierter Systeme Wirkprinzipien lebender Systeme für die technische Nutzung zu erschließen.

Für uns ist es besonders wichtig hervorzuheben, daß diese Richtung eine klare Abkehr vom Prinzip der starren eindeutigen Determination der Elemente in kybernetischen Systemen darstellt. Die Elemente werden nach dem Prinzip der funktionalen Austauschbarkeit miteinander verknüpft. Wenn ein Element ausfällt, muß dessen Funktion ein anderes übernehmen können. Im Idealfall führen die biologischen Konstruktionsprinzipien zu kybernetischen Anlagen, die die entsprechenden Funktionen den einzelnen Elementen des Systems selbst zuweisen. Die Systeme werden dann Kenntnis davon erlangen, daß einzelne Elemente ausgefallen sind, und dementsprechend ihre innere Organisation umstellen.

Systeme, in denen keine eindeutige Determination der Elemente vorliegt, können weit über die normalen Funktionsgrenzen starr determinierter Systeme einwandfrei funktionieren. Obwohl beide Systemtypen prinzipiell unterschieden sind, muß man aber zugleich auch betonen, daß die Grenze zwischen ihnen über eine gewisse Relativität verfügt. Rechenmaschinen, die einfacher Selbstprogrammierung fähig sind, stellen Automaten mit einem hohen Organisationsniveau dar, das eine bestimmte Autonomie einschließt. Dank dieser Eigenschaft kann man auch auf Rechenmaschinen kybernetische Modelle für Lernvorgänge, Evolutionsprozesse und Prozesse der Selbstreproduktion realisieren.

3.2. Die Gleichwertigkeit der Zusammenhänge

Die starre Determination der Zusammenhänge führt auch zu ihrer qualitativen Gleichwertigkeit. Jede Kopplung ist, unabhängig vom Wesen ihrer Eigenschaften oder Parameter, in gleichem Maße notwendig. In Systemen, die nach dem Schema starrer Determination funktionieren, führt die Unterbrechung einer beliebigen der voneinander unabhängigen Kopplungen zum Ausfall des Gesamtsystems. Kennt man *eine* dieser Kopplungen nicht, so ist das gleichbedeutend mit der Unkenntnis des Systems. Im Prinzip sind solche Systeme nicht zu reparieren, ohne daß man sie außer Betrieb setzt. Die Erhöhung der Zuverlässigkeit der Arbeit eines starr determinierten Systems ist theoretisch nur über ein Dublieren der entscheidenden Teile möglich.

Praktisch aber führen die Faktoren, die die Zuverlässigkeit solcher Systeme erhöhen, über die strengen Vorstellungen zur starren Determination hinaus. In diesem Zusammenhang ist N. WIENERS Bemerkung von Interesse, der feststellte: „Eine solche starre Welt ist nur in dem Sinne organisiert, in dem eine starr geschweißte Brücke ‚organisiert' ist. Alle Teile sind voneinander abhängig, keiner von einem Teil der Brückenstruktur stärker als von einem andern. Infolgedessen hat man bei einer solchen Brücke keine Möglichkeit, die Spannungen örtlich zu beschränken, und falls eine geschweißte Brücke nicht aus elastischen Stoffen erbaut ist, werden die Spannungen mit ziemlicher Sicherheit so konstruiert sein, daß die Brücke an der einen oder anderen Stelle auseinanderbrechen oder reißen und einstürzen wird.

Brücken oder Gebäude können also nur Bestand haben, weil sie nicht vollkommen starr sind."[1])

Offensichtlich funktionieren nach dem Prinzip der starren Determination alle vom Menschen geschaffenen Systeme faktisch nur deshalb, weil sie eben nicht absolut starr determiniert sind. Zahlreiche innere Kopplungen unterliegen Veränderungen, lösen sich teilweise sogar, ohne daß das in einem ziemlich breiten Gebiet auf die Funktion des Gesamtsystems Einfluß nimmt.

Den Inhalt des Konzepts der Gleichwertigkeit von Parametern in einem theoretischen System kann man sich am besten vergegenwärtigen, wenn man vom gegen-

---

[1]) N. WIENER, Mathematik mein Leben. Düsseldorf, Wien 1962, S. 279.

teiligen Fall ausgeht. Betrachten wir zu diesem Zweck die von I. M. Gel'fand und M. L. Cetlin eingeführten wohlorganisierten Funktionen.[1]) Dabei handelt es sich um Funktionen mit einer großen Anzahl von Veränderlichen, die man klassifizieren kann. Sie lassen sich in wesentliche und unwesentliche einteilen und behalten diese Einteilung streng bei. Unwesentliche Veränderliche können zu plötzlichen Veränderungen und Sprüngen in der Funktion führen, aber sie haben keinerlei Einfluß auf den Charakter der gesamten Funktion und auf ihr Verhalten in großen Intervallen, auf die Verteilung der Extrema u. a. Form und Aussehen der Funktion werden vor allem von den wesentlichen Parametern bestimmt, deren Einfluß auf kleinen Intervallen in entscheidender Weise von den unwesentlichen Parametern überlagert werden kann.

Wohlorganisierte Funktionen werden zur Lösung von Aufgaben der Phasenanalyse bei der Streuung von Elementarteilchen, bei der Röntgenstrukturanalyse und vielen analogen Aufgaben eingeführt, die bei der Auswertung von Beobachtungen zu lösen sind. Besondere Bedeutung kann diesen mathematischen Objekten bei der Analyse der Funktion und Regelung in komplexen Systemen zukommen. Obwohl diese Idee bei ihrer Entwicklung und Ausarbeitung auf erhebliche Schwierigkeiten stößt, scheint sie nach wie vor recht vielversprechend .[2])

Der Ausgangspunkt für die Einführung wohlorganisierter Funktionen ist die Feststellung, daß die Klasse der Argumente sich nicht so sehr auf Grund ihres relativen Anteils bei der Veränderung der Funktion selbst als vielmehr auf Grund ihres Einflusses auf die Natur der Funktion unterscheidet. Eine derartige Ungleichheit der

---

[1]) И. М. Гельфанд, М. Л. Цетлин, УМН 1962, т. 17, вып. 1.

[2]) Н. А. Бернштейн. Новые линии развития в физиологии и их соотношение с кибернетикой. В: философские вопросы физиологии высшей нервной детельности и психологии. Москва 1963, стр. 316.

Parameter, ihre Zugehörigkeit zu verschiedenen Klassen, kommt in allen Fällen vor, in denen Organisation, Regelung oder Funktion realer komplexer Systeme untersucht werden. Die Aussonderung besonderer Parametergruppen (Invariante) in hochentwickelten Theorien spricht ebenfalls für die Bedeutung der Idee, daß die Parameter in relativ geschlossenen Systemen nicht gleichwertig sind. Die Hauptschwierigkeit bei der Entwicklung dieser Konzeption besteht wahrscheinlich darin, Verfahren auszuarbeiten, die es gestatten, die verschiedenen Veränderlichen zu einer einheitlichen Funktion und Gleichung zu synthetisieren, verschiedene Begriffe in eine einheitliche Theorie zu integrieren.

Im traditionellen philosophischen Sinne bedeutet die Feststellung der Gleichwertigkeit von Ausgangsparametern, daß alle Parameter im Rahmen einer solchen Theorie als gleichermaßen notwendig angesehen werden, daß sie ein und demselben logischen Niveau angehören. Die Verabsolutierung der Rolle und Bedeutung dynamischer Gesetzmäßigkeiten führte in der Entwicklung der Erkenntnis zu einer starren Gegenüberstellung von Notwendigkeit und Zufall. Auf dieser Grundlage wurden alle Parameter, die in Beziehung zu zufälligen Aspekten der zu erforschenden Prozesse standen, aus der Theorie ausgeschlossen. Dabei gab es keinerlei Subordination oder Graduierung für die wichtigsten Parameter, abgesehen natürlich davon, daß die Resultate in unterschiedlicher Weise von den Zahlenwerten der einzelnen Parameter abhingen.

Diese Auffassung über den Zusammenhang der Kategorien Zufall und Notwendigkeit ist ein Charakteristikum des LAPLACEschen Determinismus, eines wesentlichen Bestandteils des mechanistischen Materialismus. Die Verabsolutierung und die metaphysische Trennung der Kategorien Notwendigkeit und Zufall wurden mit der Herausbildung des dialektischen Materialismus einer entschiedenen Kritik unterzogen. Derartige Fragen wurden in den Schriften der Klassiker der marxistisch-leninistischen Philosophie ausführlich analysiert. Besondere Aufmerksamkeit hat ihnen F. ENGELS in seinem Fragment „Zufälligkeit und Notwendigkeit" gewidmet.[1])

Die Weiterentwicklung der philosophischen Vorstellungen über Notwendigkeit und Zufälligkeit ist heute ohne die Analyse der Theorie komplexer Systeme undenkbar. Dabei wird deutlich, daß für diese Entwicklung insbesondere die Einsicht Bedeutung besitzt, daß die Parameter keineswegs gleichwertig sind, daß sie über vielfältige Differenzierungen und Formen der Zuordnung verfügen.

Das Wesen der Frage nach der Gleichwertigkeit von Parametern in theoretischen Systemen starrer Determination wird mit dem Konzept der Informationscodierungsebenen gut erfaßt. Die Gleichwertigkeit von Parametern bedeutet dann deren Zugehörigkeit zu einer Codierungsebene. Ein wesentliches Merkmal einer jeden solchen Ebene ist ihre relative Unabhängigkeit (Autonomie). Darin drückt sich vor allem ihre eigenständige Bedeutung aus und die Tatsache, daß der Inhalt eines Codes nicht auf den eines anderen zurückführbar ist.

Der Übergang zu höheren Codes ist ein Übergang zu allgemeinen integralen Charakteristika. Es gibt aber unterschiedliche Verallgemeinerungen. Bereits im Falle der einfachsten Systeme, der mechanischen, kommen Begriffe (Parameter, Größen) vor, die Systemcharakteristika darstellen. Es scheint deshalb nur natürlich, sie zu den Begriffen zu rechnen, die eine höhere Codierungsebene verkörpern. Dazu gehören der Massenmittelpunkt und der Schwerpunkt, Begriffe die in der Mechanik des starren Körpers eine Rolle spielen. Diese Begriffe sind zweifelsohne Verallgemeinerungen der den Systemelementen zukommenden Charakteristika. Diese Verallgemeinerungen allerdings werden vollständig von den Elementen

---

[1]) F. ENGELS, Dialektik der Natur. In: MEW. Berlin 1973, Bd. 20, S. 486–490.

des Systems (Masse, Geschwindigkeit und Entfernung) bestimmt. Hier gibt es noch nicht jenen notwendigen Teil der Unabhängigkeit der Parameter, die den höheren Codierungsebenen der Information in komplexen Systemen zukommt. Deshalb kann man auch von der Gleichwertigkeit der allgemeineren und der Ausgangsparameter sprechen, ohne deshalb die Bedeutung der ersteren herabzusetzen. Die Bedeutung der allgemeineren Parameter besteht darin, daß sie den Anwendungsbereich der Mechanik zu erweitern gestatten, daß sie den Übergang von der Massenpunktmechanik zur Untersuchung des allgemeinen Falles der Bewegung von Makrokörpern ermöglichen.

Bei mechanischen Systemen werden die allgemeineren Charakteristika (Übergang zu höheren Codes) über die Festlegung der unmittelbaren Zusammenhänge zwischen den Elementen bestimmt. Im allgemeinen Falle hingegen wird dieser Zusammenhang zwischen den Elementen über die Struktur vermittelt, und die verallgemeinerten Begriffe charakterisieren nicht so sehr die Elemente als vielmehr die Besonderheiten dieser Struktur.

3.3. Fragen der Synthese

Im Falle einer starren Determination bedeutet die Synthese der einzelnen Elemente zu einem System die Feststellung streng eindeutiger Abhängigkeiten zwischen den Elementen. Alle Elemente sind faktisch vom Standpunkt der Zielorientierungen und der Funktionszuverlässigkeit des Gesamtsystems gleichwertig. Die Lage und die Funktion eines jeden Elements im System hängt von der Lage und der Funktion aller anderen ab. Die Struktur eines starr determinierten Systems gestattet ein hinreichend einfaches Verfahren des Überganges von der Charakteristik der Elemente zu der Charakteristik des Systems insgesamt und umgekehrt. Das läßt sich rein deduktiv ausführen. Für die Erforschung derartiger

Systeme sind häufig rein makroskopische oder rein mikroskopische Methoden ausreichend.

Mit der Entwicklung der Wissenschaft haben sich auch die Vorstellungen über starr determinierte Systeme entwickelt. Die einfachsten starr determinierten Systeme sind die mechanischen. Die Grundeigenschaften dieser Systeme werden aus der einfachen Summe der Eigenschaften ihrer Elemente bestimmt. Dabei darf man allerdings nicht vergessen, daß selbst die einfache Summe etwas Neues ist, das in seinen Komponenten allein noch nicht enthalten ist. So stellt bereits die Zahl „zwei", als Summe von „eins" und „eins" etwas Neues dar. Es handelt sich um eine gerade Zahl, während die Summanden ungerade sind.

Die kompliziertesten Systeme starrer Determination sind sicher die vom Menschen konstruierten und geschaffenen Mechanismen und Maschinen bis hin zu riesigen elektronischen und kybernetischen Anlagen. In dem Maße, wie diese Objekte komplizierter werden, gewinnt die Vorstellung über ihre Struktur eine selbständige Bedeutung. Die Systemeigenschaften werden in zunehmendem Maße nicht mehr von den Elementeigenschaften allein bestimmt, sondern auch von den strukturellen Verknüpfungen der Elemente und ihrem zeitlich abgestimmten Handeln.

Mit der zunehmenden Komplexität einer Struktur wird auch deren Starre aufgelöst, kommt es zu Ansätzen einer Autonomie. Das findet seinen Ausdruck in der Blockbauweise großer Systeme, in der Eigenprogrammierung und in zahlreichen anderen Richtungen der Entwicklung kybernetischer Anlagen. Die Zunahme der Rolle von Strukturvorstellungen bei der Synthese starr determinierter Systeme zeugt davon, daß ein einfaches deduktives Verfahren, von den Elementeigenschaften auf Systemeigenschaften zu schließen und umgekehrt, nicht mehr ohne weiteres durchführbar ist.

In starr determinierten Systemen kann man die Elemente auch in ihrer Vereinzelung außerhalb und unabhängig vom System erforschen. Wenn sie in Systeme eingeschaltet werden, legen die Kopplungen gewöhnlich lediglich Begrenzungen auf die möglichen Intervalle der Veränderungen ihrer quantitativen Werte. Deshalb werden die Elemente auch als Teile eines Ganzen angesehen. Wenn bei der Synthese sich dagegen die Elemente wesentlich ändern, dann wäre es unberechtigt zu sagen, sie seien Teile eines Ganzen und das Ganze bestände aus diesen Teilen. Die Ausdrücke „Teil eines Ganzen" und „besteht aus" sind vor allen Dingen dann von Bedeutung, wenn es sich um Systeme vom Typ der mechanischen Systeme handelt.

3.4. Zur Kritik der Konzeption starrer Determination

Viele Probleme, die bei der philosophischen Reflexion über die Entwicklung der Naturwissenschaft auftreten, haben ihre Vorgeschichte in der Mathematik. Die Konzeption der starren Determination wurde, wie wir gesehen haben, vor allem im Zusammenhang mit der Rolle und der Bedeutung von eindeutigen Zusammenhängen einer Kritik unterzogen, genauer wegen der Behauptung der Universalität derartiger Zusammenhänge. In der Entwicklung der Mathematik stand das Problem der Eindeutigkeit und der Vieldeutigkeit mehrfach.

Am schärfsten ist dieses Problem im Zusammenhang mit der Untersuchung von Massenerscheinungen aufgeworfen worden. Damit ein kompliziertes System erfolgreich zielorientiert funktionieren kann, muß es zwischen seinen Komponenten eine Abstimmung geben, die in bedeutendem Maße auch starre Kopplungen beinhaltet. Gleichzeitig verfügen die Komponenten des Systems über eine bestimmte Unabhängigkeit (Autonomie), die die Starrheit von Zusammenhängen in Übereinstimmung mit ihrer Definition ausschließt. Ein derartiges Prinzip der strukturellen Organisation komplexer Systeme, das eine strenge Abhängigkeit zwischen den Elementen und ihrer Unabhängigkeit einschließt, ist breiter und allgemeiner als jenes Prinzip, das von eindeutigen Zusammenhängen allein ausgeht. Die Wechselbeziehungen von Abhängigkeit und Unabhängigkeit (Autonomie) aufzudecken gehört zu den Grundlagen der Erkenntnis komplexer Systeme.

N. WIENER hat der Analyse der Prinzipien der strukturellen Organisation der Materie in seinen Arbeiten zur philosophischen Begründung der Kybernetik und ihrer Methoden große Aufmerksamkeit geschenkt: „Organisation müssen wir als etwas betrachten, bei dem eine Wechselwirkung zwischen den verschiedenen organisierten Teilen besteht, die aber Gradunterschiede aufweist. Bestimmte innere Zusammenhänge müssen wichtiger sein als andere, das besagt also, daß die innere gegenseitige Abhängigkeit nicht vollständig ist und daß die Festsetzung bestimmter Größen des Systems die Möglichkeit offen läßt, andere zu verändern. Diese Variation von Fall zu Fall ist statistischer Art, und nichts läßt für einen bedeutsamen Begriff der Organisation weniger Raum als eine statistische Theorie."[1])

In modernen Vorstellungen über den Aufbau der Welt kommt es vor allem darauf an, die Vielfalt verschiedenster Zusammenhangsformen und deren Veränderlichkeit zu berücksichtigen. Es geht um die Entwicklung von adäquaten Forschungsmethoden zur Abbildung dieser Eigenschaften. Dabei kann man einen Schritt weiter kommen, wenn man die Konzeption von den Informationscodierungsebenen einschaltet, wenn man berücksichtigt, daß es Zusammenhänge verschiedenen Allgemeinheitsgrades gibt.

Die dafür am besten geeigneten Methoden sind in mathematischer Hinsicht jene, die sich auf die Wahrscheinlichkeitstheorie stützen. Diesen Gedanken hat auch N. WIENER unterstrichen. Ihn zu begründen ist das Anliegen der weiteren Untersuchung. Die zitierten Ausführungen sind erforderlich, um nicht in jenes Vorurteil zu verfallen, daß in einer Welt, in der alles miteinander

---

[1]) N. WIENER, Mathematik mein Leben. Düsseldorf, Wien 1962, S. 279.

verwoben und durcheinander bestimmt ist, keinerlei Platz für die Autonomie verbleibt. So wie es nicht möglich ist, die Notwendigkeit zu erkennen, wenn man aus der Sphäre der wissenschaftlichen Interessen die Zufälligkeit verbannt, so ist es auch nicht möglich, die fundamentalen Abhängigkeiten in der materiellen Welt außerhalb und unabhängig von den Unabhängigkeiten zu erkennen. Das Regelungsproblem selbst steht in engem Zusammenhang mit der Notwendigkeit, eine zielorientierte Funktion eines Systems zu garantieren, dessen Elemente über eine bestimmte Unabhängigkeit verfügen. Wo es diese Unabhängigkeit nicht gibt, wo alles starr determiniert ist, dort gibt es auch kein Regelungsproblem im uns interessierenden Sinne. Dort kann es nur insofern eine Regelung geben, als Befehle blindlings befolgt werden.

Außer dieser Kritik am starren Determinismus gibt es noch eine Reihe anderer Einwände, die aber wahrscheinlich von geringerer Bedeutung sind. Vor allem muß man im Auge haben, daß jede wissenschaftliche Theorie über einen begrenzten Gültigkeitsbereich verfügt. Das bedeutet von der formalen Seite, daß in der Theorie nicht alle Parameter enthalten sind, die das Objekt charakterisieren und daß die Abhängigkeiten zwischen den Parametern infolge unausweichlicher Veränderungen der inneren Zustände des Objektes nicht konstant bleiben können. Deshalb hat auch die starre Determination ihre Grenzen. Das bedeutet, daß die nicht selten anzutreffende Behauptung falsch ist, nach der die einfachen dynamischen Gesetze, insbesondere die Gesetze der klassischen Mechanik, beliebige aufeinanderfolgende Zustände, ausgehend von einem Anfangszustand und der Wirkung äußerer Kräfte, zu berechnen gestatten. Mit der Zeit verfügen die materiellen Körper über andere Bedingungen, erfahren qualitative Veränderungen und gehen deshalb aus dem Anwendungsbereich einer Theorie in den einer anderen über.

Mehr noch, die Anerkennung des relativen Charakters unserer Erkenntnisse bedeutet, daß das Schema der starren Determination keineswegs ein Ideal oder eine Grenze in der Entwicklung unserer Erkenntnis darstellt, sondern vielmehr einen Ausgangspunkt markiert. Selbst ein leidenschaftlicher Anhänger der starren eindeutigen Determination wird zugeben müssen, daß in keiner konkreten wissenschaftlichen Theorie jemals alle Zusammenhänge bekannt sind. Zugleich wissen wir nicht, ob eine Grenze für unser Streben existiert, immer neue und neue Parameter und Zusammenhänge zu berücksichtigen.

Die Rolle der starren Determination in unseren Konzeptionen über das logische Schema des Aufbaus der Welt ist ihrem Wesen nach dieselbe wie die Rolle der Vorstellung vom idealen Gas in der Theorie der Gase, vom absolut schwarzen Körper bei der Wärmestrahlung, vom ideal elastischen Körper in der Elastizitätstheorie usw. In all diesen Fällen verfügen wir lediglich über zweckmäßige Ausgangsschemen in unseren konkreten Versuchen, die Welt zu erkennen.

Das Schema der starren Determination ist zugleich auch von der Messung der quantitativen Werte der Parameter begrenzt, die in den entsprechenden Theorien enthalten sind. Um theoretisch das Zeitverhalten dieses oder jenes materiellen Systems zu bestimmen, muß man, wie bereits mehrfach betont, den Ausgangszustand des Systems sehr genau kennen. D. h., man muß die Größen messen, die diesen Zustand charakterisieren. Bei einer Messung aber wird jede physikalische Größe immer mit einer bestimmten Genauigkeit gemessen. Keine Messung kann absolut genau vorgenommen werden. Wir erhalten in der Messung niemals einen streng bestimmten Wert, sondern immer nur die Grenzen, zwischen denen diese Größe liegt. Bei der Vervollkommnung der Meßtechnik können die Toleranzintervalle abnehmen. Das können sie aber immer nur bis zu einem bestimmten Grade. Fehler in den gefundenen Meßwerten sind also unausweichlich. Diese Fehler spielen gewöhnlich eine untergeordnete Rolle für die weiteren Untersuchungen des entsprechenden materiellen Systems. Ihr Einfluß ist nicht größer als der

Einfluß der in der Theorie unberücksichtigten Zusammenhänge. Deshalb kann man von ihnen absehen.

Der Vergrößerung der Genauigkeit einer Messung von Charakteristika des Ausgangssystems sind vernünftige Grenzen gesetzt. Wenn die Meßfehler der Anfangszustände eines Systems einen solchen Einfluß auf die Resultate der Bestimmung der Endzustände ausüben, wie die in der Theorie nicht berücksichtigten Zusammenhänge, so liefert die weitere Erhöhung der Meßgenauigkeit von Anfangsparametern keine positiven Resultate. Für die genauere Berechnung der nachfolgenden Zustände muß man unbedingt die gesamte Aufgabenstellung verändern. In die Berechnungen müssen neue Parameter und Zusammenhänge eingebracht werden, was außerordentlich kompliziert sein kann. Deshalb wird beispielsweise die Genauigkeit der Bahnen von Raumschiffen und Raketen nicht in erster Linie über die Erhöhung der Genauigkeit der Anfangswerte verbessert, sondern vor allem durch anschließende Kurskorrekturen.

In einer Reihe von Fällen können die Meßfehler einen wesentlichen Einfluß auf das weitere Resultat ausüben. Mit der Zeit wächst, besonders dann wenn zahlreiche äußere Einwirkungen vorhanden sind, die Rolle der Meßfehler bei der Zustandsänderung. Sie können sogar zu Hindernissen für die theoretische Bestimmung nachfolgender Zustände von Systemen werden. In einem solchen Fall sind auf der Grundlage der Theorie die Wechselbeziehungen zwischen den Zuständen des Systems nicht mehr befriedigend zu bestimmen.[1]) Die Relativität der eindeutigen Zusammenhänge gehört zu den wesentlichsten objektiven Grundlagen für die Benutzung von Näherungsmethoden bei der Berechnung eines Zustandes der untersuchten Systeme. Die Näherungsmethoden sind dort vollkommen berechtigt, wo die Charakteristika des Systems von Anfang an nur mit einem bestimmten Grad

[1]) Zur Rolle der Meßfehler siehe: L. BRILLOUIN, Science and Information New York, London 1964:

an Genauigkeit gegeben werden. Wenn man das nicht berücksichtigt, dann wird man die Benutzung von Näherungsmethoden als unberechtigt verwerfen oder ihnen lediglich den Status zeitweiliger Hilfsmittel zusprechen. Beides entspricht nicht ihrer tatsächlichen Rolle und Bedeutung für die Wissenschaft.

Die Relativität der einfachen dynamischen Gesetzmäßigkeiten, die mit der Relativität wissenschaftlicher Theorien und der praktischen Messungen verknüpft sind, stellen natürlich keinesfalls nur Besonderheiten dieser Klasse von Gesetzmäßigkeiten dar. Hier wurde lediglich die Relativität dieser Klasse hervorgehoben, weil es darauf ankam, ihren Anspruch auf Universalität zurückzuweisen.

4. Grundgedanken der Wahrscheinlichkeitstheorie

Am Beginn seiner Darstellung der Kybernetik hat Ross Ashby speziell unterstrichen: „*Die Gesetze der Kybernetik sind nicht von ihrer Ableitung aus anderen Gebieten der Wissenschaft abhängig*. Kybernetik hat ihre eigenen Grundlagen.“[1]) Alles, was selbständig existiert, was aus anderem nicht ableitbar ist, ist in irgendeiner Weise wesentlich. Analog verfügen die Wahrheiten der Wahrscheinlichkeitstheorie über einen eigenständigen und unabhängigen Wert. Ihre Grundaussagen und Begriffe lassen sich nicht aus anderen einfacheren Vorstellungen und Begriffen herleiten. Man kann lediglich logisch notwendige Zusammenhänge mit ihren Vorläufern festhalten, indem man ihre Entwicklung analysiert. Ihr Verständnis erfordert aber, wie alles andere wesentlich Neue, die unmittelbare Analyse der entsprechenden Bereiche in Theorie und Praxis.

Die Wahrscheinlichkeitstheorie ist eine alte und

---

[1]) W. Ross Ashby. Einführung in die Kybernetik. Frankfurt/M. 1974, S.16.

zugleich sehr junge wissenschaftliche Disziplin. Als mathematische Disziplin entstand sie in der Mitte des 17. Jahrhunderts in Verbindung mit den Untersuchungen, die PASCAL, FERMAT und HUYGENS zu Glücksspielen anstellten. Mit den komplizierter werdenden Aufgaben und der Erweiterung des Anwendungsbereichs der Wahrscheinlichkeitstheorie entwickelte sich auch die entsprechende Theorie, ihre Methoden und ihre Begriffe. In diesem Prozeß können eine Reihe wichtiger Etappen aufgezeigt werden. Wir wollen hier lediglich auf die Ausarbeitung der axiomatischen Grundlage der Wahrscheinlichkeitstheorie, ihre Formulierung auf der Grundlage mengentheoretischer Überlegungen hinweisen.

Diese Entwicklung hat sich erst kürzlich vollzogen, im zweiten Viertel unseres Jahrhunderts. Seit dieser Zeit wurde die Wahrscheinlichkeitstheorie zur echten mathematischen Disziplin. Die Periode bis zur Herausbildung der axiomatischen Grundlagen der Theorie wird deshalb auch die Periode der elementaren intuitiven Wahrscheinlichkeitstheorie genannt. Die philosophischen Reflexionen beschränken sich leider sehr häufig allein auf diese Periode.

Das findet insofern seine Berechtigung, als die Sprache der Wahrscheinlichkeitstheorie im wesentlichen in dieser Periode geschaffen wurde und daß auf diesem Wege gewöhnlich der Anfänger in die Disziplin eingeführt wird. (Selbst einige unserer besten Lehrbücher zur Wahrscheinlichkeitstheorie enthalten keine mengentheoretischen Formulierungen.) Dabei wirken auch langjährige Traditionen nach. Die philosophische Reflexion einer fast dreihundertjährigen Theorienentwicklung hat zweifelsohne große Erfolge erzielt. Deshalb ist es möglich, sich für eine Einführung in die Problematik des wahrscheinlichkeitstheoretischen Konzepts auf die elementare Darstellung der Wahrscheinlichkeitstheorie zu beschränken. Die Einschaltung der Gedanken und Methoden des axiomatischen Aufbaus der Wahrscheinlichkeitstheorie auf mengentheoretischer Grundlage gestattet es aber, diese Theorie enger mit den Ansätzen zur Systemtheorie und mit den modernen Vorstellungen über die strukturelle Organisation der Materie zu verbinden. Das kann dann wesentlich zur Vertiefung der philosophischen Auffassungen von der Wahrscheinlichkeit führen.

4.1. Von zufälligen Ereignissen zu Wahrscheinlichkeitsverteilungen

In der Alltagssprache werden die Ausdrücke „sehr wahrscheinlich“, „wahrscheinlich“, „wenig wahrscheinlich“, „unwahrscheinlich“ recht häufig benutzt. Sie sind in Zusammenhang mit der Abschätzung der Entwicklungsperspektiven eines bestimmten Ereignisses überall anzutreffen, angefangen im persönlichen Leben bis hin zu Prognosen wissenschaftlichen und politischen Charakters. So kann man beispielsweise hören: „wahrscheinlich wird es morgen wiederum so trübe sein“; „es ist sehr wahrscheinlich, daß im Jahr 2000 ein Mensch auf dem Mars landet“; „es ist sehr wenig wahrscheinlich, daß Bahnvorstellungen für die Erarbeitung der Elementarteilchentheorie eine wesentliche Rolle spielen“; „es ist unwahrscheinlich, daß uns N. betrogen hat“ usw. In diesen Fällen tritt die Wahrscheinlichkeit als Maß subjektiver Überzeugung des Sprechers bezüglich der Entwicklung eines bestimmten Tatbestandes auf. Dieser Begriff gestattet ihm, die Wahrheitsnähe einer Aussage über eine bestimmte Einzelerscheinung auszudrücken. Dieses Maß wird über die dem jeweiligen Sprecher zur Verfügung stehende Information, seine Art, die Welt zu betrachten, und seine psychologischen Eigenheiten bestimmt. In allen derartigen Fällen wird der Begriff der Wahrscheinlichkeit recht bedingt benutzt und verbleibt praktisch außerhalb der Kompetenz der Wahrscheinlichkeitstheorie.

Der Begriff der Wahrscheinlichkeit ist in der Mathematik ein weitaus strengerer Begriff. Er wird dort auf der

Grundlage der Gesamtentwicklung der Wahrscheinlichkeitstheorie bestimmt. In gewisser Weise könnte man sagen, daß die ganze Entwicklung dieser Theorie einen Prozeß darstellt, in dem geklärt wird, worin das Konzept der Wahrscheinlichkeit besteht. Die Wahrscheinlichkeitstheorie ist jene mathematische Disziplin, die die Gesetzmäßigkeiten zufälliger Massenerscheinungen untersucht. Massenhaftigkeit der jeweiligen Erscheinungen als Systemaspekt gehört zu den Grundlagen dieser Theorie. A. J. CHINČIN schrieb, diesen Gedanken unterstützend, daß die entscheidende Bedeutung in den zeitgenössischen wahrscheinlichkeitstheoretischen Konzeptionen in der Auffassung liegt, die Wahrscheinlichkeitstheorie als Lehre von den Massenerscheinungen anzusehen.[1])

Dazu müssen zwei Bemerkungen gemacht werden. Die Wahrscheinlichkeitstheorie untersucht nicht die gesamte Klasse der Massenerscheinungen, sondern eine bestimmte Teilklasse, nämlich die zufälligen Massenerscheinungen. Ein beliebiges System stellt bereits eine Massenerscheinung dar. Methodologisch ist es immer wichtig zu berücksichtigen, daß die wahrscheinlichkeitstheoretisch erfaßten Massenerscheinungen eine, wenn auch außerordentlich große, so doch aber vollständig bestimmte Klasse von Massenerscheinungen bilden. Weiter ist zu berücksichtigen, daß die mathematische Wahrscheinlichkeitstheorie außerordentlich stark von der konkreten Natur der entsprechenden Massenerscheinungen abstrahiert. Ihre Grundbegriffe und -gesetze und ihr Modell realer Forschungsobjekte tragen außerordentlich allgemeinen Charakter.

Die Wahrscheinlichkeitstheorie charakterisiert die von ihr erforschten Massenerscheinungen auf der Grundlage bestimmter, in ihnen vorkommender Ordnungen, d. h., sie betrachtet die Massenerscheinungen als Systeme. Dementsprechend ist es nur natürlich, ihrer detaillierten Untersuchung die Sprache der System- und Strukturuntersuchungen zugrunde zu legen. Um ein bestimmtes System

---

[1]) А. Я. Хинчин, Вопросы философии 1961, № 1, стр. 95.

zu charakterisieren, muß man bekanntlich die jeweiligen Elemente, die Bedingungen und Verfahren, unter denen sie in dieses System eingehen, und das Gesamtsystem selbst bestimmen. Die Wahrscheinlichkeitstheorie hat für diese Zwecke die Begriffe zufällige Ereignisse, Zufallsgrößen, Wahrscheinlichkeiten und Wahrscheinlichkeitsverteilungen geprägt. Bevor wir uns nun dem Inhalt der Wahrscheinlichkeitstheorie zuwenden, ist noch eine Bemerkung einzuflechten.

Wir hatten bereits betont, daß in der Entwicklung der Wahrscheinlichkeitstheorie und bei der Erarbeitung der Ausgangsbegriffe die Analyse außerordentlich einfacher Glücksspiele eine wesentliche Rolle spielte. Die Schemen dieser Spiele geben, was Anschaulichkeit und Einfachheit der Modelle von Zufallserscheinungen betrifft, optimale Möglichkeiten, entsprechende Gesetzmäßigkeiten zu erforschen. In der Physik sind die einfachsten und anschaulichsten Fälle der Anwendung des Wahrscheinlichkeitskonzepts in der atomistischen Theorie der Gase zu finden. Deshalb wollen wir nachfolgend als Beispiele lediglich solche aus dem Gebiet der Glücksspiele und der Theorie der Gase betrachten.

1. Zufällige Ereignisse als Element von zufälligen Massenerscheinungen. Als Ausgangsbegriff der Wahrscheinlichkeitstheorie wird gewöhnlich der Begriff zufälliger Ereignisse genannt. Zufällige Ereignisse bilden entsprechende Massenerscheinungen. Unter einem Ereignis wird ein beliebiger Fakt verstanden, der unter bestimmten Bedingungen eintreten oder ausbleiben kann. Als abstrakt mathematischer Begriff wird ein Ereignis in der Wahrscheinlichkeitstheorie nur durch die Festlegung bestimmt, ob es stattfand oder nicht. Seine konkrete physikalische Natur ist dabei belanglos.

Beim Würfeln beispielsweise ist das Fallen einer bestimmten Zahl ein Ereignis. In einem bestimmten Wurf kann die Zahl „vier" fallen. Sie kann aber auch in diesem Wurf ausbleiben. Die Ausführungen zum Begriff „Ereignis" bedürfen nun aber noch der weiteren Erläuterung.

Daß ein Fakt eintreten oder ausbleiben kann, führt leicht zu mißverständlichen Fragen. Wenn ein Fakt eingetreten ist, dann kann man ihn beobachten und registrieren. Folglich kann man sagen, daß ein bestimmtes Ereignis stattgefunden hat. Wenn aber ein Fakt nicht eingetreten ist, was kann man dann über ihn als Fakt sagen? Auf welcher Grundlage kann man behaupten, daß das Gegenteil der Fall war? Wissenschaftliche Feststellungen zielen schließlich darauf ab festzustellen, was tatsächlich ist. Unter dem Ausdruck „ist oder ist nicht“ wird gewöhnlich sehr viel verstanden. Wenn ein bestimmtes betrachtetes zufälliges Ereignis nicht eingetreten ist (in unserem Beispiel das Würfeln einer „Vier“), so bedeutet das, daß seine Negation stattgefunden hat. D. h., es hat ein völlig anderes Ereignis stattgefunden (es wurde eine andere Zahl geworfen). Dabei ist wesentlich, daß dieses andere Ereignis ebenfalls ein Ereignis derselben Massenerscheinung ist (es im Beispielfall ein korrekter Wurf mit einem bestimmten Würfel unter Standardbedingungen war).

Was hier über zufällige Ereignisse gesagt wurde, zeigt klar, daß die mehr oder minder erläuterte Definition für solche Ereignisse auch die Definition der Bedingungen und der Verfahren enthält, nach denen das entsprechende Ereignis der jeweiligen Massenerscheinung zugeordnet ist. Analog dazu schließt eine aufeinanderfolgende Bestimmung der Elemente einer Menge die Definition der Menge insgesamt und ihrer Struktur bereits mit ein. In der Wahrscheinlichkeitstheorie kommt die Rolle eines solchen synthetisierenden Faktors dem Begriff der Zufallsgröße zu. Dieser Begriff gestattet, die gesamte Massenerscheinung und die Ereignisse in ihrer Projektion auf diese Erscheinung zu bestimmen. Das Ereignis wie auch das materielle Objekt wird tiefer charakterisiert, wenn es als Element eines Systems betrachtet wird, nicht aber in seiner Isolation.

2. Vielfalt. Aus dem Gesagten folgt, daß die Definition eines zufälligen Ereignisses voraussetzt, daß es immer in eine bestimmte Menge von Ereignissen eingeht.

Dabei ist wesentlich, daß die Menge der Ereignisse selbst in mehrere Klassen (Teilmengen) zerfällt. Das einzelne zufällige Ereignis ist immer ein Ereignis aus einem Feld möglicher Ereignisse. Die Ereignisse werden vor allem nach ihrer Zugehörigkeit zu dieser oder jener Teilmenge unterschieden. Wenn die betrachteten Ereignisse alle zu einer einheitlichen Klasse gehören, d. h., wenn es keine Unterteilung der Massenerscheinung in Teilmengen gibt, dann kann auch keine Rede vom wahrscheinlichkeitstheoretischen Konzept zur Analyse der Erscheinungen sein.

Sobald aber die untersuchte Menge zufälliger Ereignisse in Teilmengen zerfällt und die Ereignisse selbst bestimmten Teilmengen zugeordnet sind, erwächst die Aufgabe, Verfahren und Methoden zu entwickeln, diese Teilmengen zu charakterisieren. In der Wahrscheinlichkeitstheorie werden solche Charakteristika auf der Grundlage des Konzepts der Zufallsgrößen gegeben. Ohne zunächst eine Definition für Zufallsgrößen einzuführen, wollen wir festhalten, daß Parameter, die ihren Wert (Index) beim Übergang von einer Teilmenge zu einer anderen ändern, solche Zufallsgrößen darstellen. Jeder Teilmenge entspricht dann ein bestimmter Wert einer Zufallsgröße. Das Spektrum möglicher Werte einer Zufallsgröße kann außerordentlich vielfältig sein. Es reicht von diskreten Werten in einem sehr engen Bereich bis zu stetigen Größen auf großen Intervallen. Am Beispiel des Würfels ist die Zufallsgröße das Fallen einer bestimmten Zahl. Die Anzahl der Flächen und deren Charakteristik bestimmt die möglichen Werte der Zufallsgröße. Jeder der möglichen Werte stellt ein Ereignis dar, das beim Würfeln mit diesem Würfel eintreten kann. In der kinetischen Gastheorie ist der Zustand einzelner Gasmoleküle eine Zufallsgröße. In der modernen Physik treten als Zufallsgrößen gewöhnlich sogenannte beobachtbare Größen auf.

Wenn man vom Spektrum möglicher Werte einer Zufallsgröße spricht, ist unbedingt folgendes zu beachten. Bei der Wiederholung von Messungen einer beliebigen physikalischen Größe erhalten wir niemals genau dieselben Resultate. Jede Messung wird, wie bereits betont, mit einer bestimmten Genauigkeit ausgeführt. Bei der Messung einer Größe bekommen wir deshalb auch keineswegs ihren genau bestimmten Wert, sondern lediglich die Grenzen, zwischen denen dieser Wert liegt. In diesen Grenzen verändert sich die Größe faktisch von Messung zu Messung. Daraus ergibt sich die Frage: Ist nicht jede physikalische Größe eigentlich eine wahrscheinlichkeitstheoretische Zufallsgröße, weil doch jede praktische Bestimmung auf ein Spektrum von Werten führt? Zwischen den beiden hier betrachteten Fällen gibt es aber wesentliche Unterschiede.

Bei der Messung einer Größe, die im Sinne der Wahrscheinlichkeitstheorie keine Zufallsgröße ist, bestimmt das Spektrum der erhaltenen Werte die Grenzen, zwischen denen der tatsächliche Wert liegt. Diese Grenzen geben den Grad der Genauigkeit einer Messung an. Hier geht man also davon aus, daß es lediglich einen wahren Wert für die Meßgröße gibt, die anderen dagegen allein aus Meßfehlern resultieren.

Im Falle wahrscheinlichkeitstheoretischer Zufallsgrößen wird jeder mögliche Wert des Spektrums als in gleicher Weise wahrer Wert angesehen. Dabei ist vorausgesetzt, daß bei der Ermittlung eines beliebigen Wertes dieser Größe auch Meßfehler auftreten. Diese haben aber in der Regel die gleiche Größenordnung für alle Werte einer bestimmten wahrscheinlichkeitstheoretischen Zufallsgröße und werden deshalb dann aus der weiteren Betrachtung ausgeschlossen.

3. Unabhängigkeit. Die Zuordnung eines zufälligen Ereignisses bestimmt noch nicht die Bedingungen, unter denen es in die betrachtete Massenerscheinung eingeht. Für die Bestimmung eines zufälligen Ereignisses ist die Antwort auf folgende Frage außerordentlich wichtig: In welcher gegenseitigen Beziehung stehen die zufälligen Ereignisse innerhalb der Massenerscheinung selbst?

Im Falle starr determinierter Systeme befinden sich ihre Elemente in einer derartigen gegenseitigen Bedingtheit und Bestimmtheit, daß der Übergang von den Charakteristika eines Elementes zu den Charakteristika eines anderen eindeutig bestimmt ist. D. h., es existieren im Prinzip Algorithmen, die den Übergang von einem Element zu einem anderen im gesamten System außerordentlich streng festlegen. Die starr determinierten Systeme sind also auf der Grundlage der Anerkennung direkter (unmittelbarer) Abhängigkeiten zwischen den Elementen aufgebaut.

Im Gegensatz dazu ist für zufällige Massenerscheinungen charakteristisch, daß keinerlei direkte Abhängigkeiten zwischen den Elementen (Ereignissen) vorkommen. Kein Ereignis belastet sein „Gedächtnis“ mit „Erinnerungen“ an andere Ereignisse. Jedes Ereignis ist absolut unabhängig von allen anderen. Im Rahmen der gesamten Massenerscheinung sind die Ereignisse voneinander unabhängig. Das Resultat jedes Würfelns wird von keinem anderen Wurf beeinflußt, weder den vorangegangenen noch den nachfolgenden. Im Gegenteil, wenn eine derartige Abhängigkeit existiert, dann gehen die entsprechenden Untersuchungen über den Rahmen der Wahrscheinlichkeitstheorie hinaus. Die Wahrscheinlichkeitstheorie geht davon aus, daß es keinerlei Gesetzmäßigkeit in den Wechselbeziehungen zwischen den einzelnen Bedeutungen der Zufallsgrößen (zwischen den Ereignissen) gibt. Bei mehrmaligem Würfeln können Veränderungen der Zufallsgröße beliebig oft vorkommen. Welche Zahl im Einzelwurf fällt, ist unbestimmt, also zufällig. Diese Eigenschaften von Zufallsgrößen hat R. v. MISES als „Prinzip vom ausgeschlossenen Spielsystem“ bezeichnet.

Im Rahmen des Konzepts der Unabhängigkeit von zufälligen Ereignissen läßt sich die Bedeutung der Vielfalt im Aufbau wahrscheinlichkeitstheoretischer Modelle für Massenerscheinungen besonders einfach demonstrieren. Die mit der Teilung der Menge in Teilmengen oder über die verschiedenen Möglichkeiten für zufällige Größen gegebene Vielfalt ist die Voraussetzung zur Erkenntnis der Unabhängigkeit, die sich nur unter der Bedingung der Vielfalt zeigen kann.

Wenn es zwischen den einzelnen Werten von Zufallsgrößen, zwischen den einzelnen zufälligen Ereignissen keinerlei Abhängigkeit gibt, dann ist natürlich die Frage berechtigt: Auf welcher Grundlage werden sie zu einem einheitlichen Ganzen vereinigt? Haben wir überhaupt das Recht, sie als ein einheitliches Ganzes zu betrachten?

Wir hatten gesehen, daß die Synthese zufälliger Ereignisse zu einem Ganzen über entsprechende Vermittlungen erfolgt. Dazu bedient man sich der Zuordnung zu bestimmten Teilmengen der betrachteten Menge von Ereignissen. Eine derartige Vereinigung bedeutet keinesfalls, daß sie anhand irgendwelcher äußerer Parameter oder Merkmale ausgeführt wird. Diese Vereinigungen werden vielmehr auf der Grundlage tiefer Eigenschaften und Zusammenhänge der jeweiligen Forschungsobjekte vollzogen. So können Elementarteilchen beispielsweise unabhängig voneinander sein. Derartige innere Parameter wie Spin und Strangeness aber bestimmen schon wesentlich die Besonderheiten ihres Verhaltens.

Parameter, die die Zugehörigkeit von Ereignissen zu bestimmten Teilmengen oder zu den Mengen selbst charakterisieren, sind mit der Erkenntnis des Wesens höherer Ordnung der jeweiligen Forschungsobjekte eng verbunden. Deren Bestimmung selbst verlangt gleichzeitig die Charakteristik der Umgebung und des Gesamtverhaltens des Systems in dieser Umgebung. Die vollständige Bestimmung der Teilmengen und der Mengen selbst beinhaltet auch die jeweiligen äußeren Bedingungen.

Im Zusammenhang mit der betrachteten Besonderheit zufälliger Ereignisse muß unbedingt noch eine Bemerkung zur Terminologie erfolgen. Da jedes einzelne Ereignis durch seine Zugehörigkeit zu einer bestimmten Teilmenge (Klasse von Ereignissen) charakterisiert wird, hat sich in der Wahrscheinlichkeitstheorie eine spezielle Sprache entwickelt: Unter einem (bestimmten) Ereignis versteht man die gesamte Teilmenge. Die einzelnen zufälligen Ereignisse, die diese Teilmengen bilden, werden elementare zufällige Ereignisse genannt. Wenn man also von einem zufälligen Ereignis spricht, dann hat man vor allen Dingen die Zugehörigkeit elementarer zufälliger Ereignisse zu einer bestimmten Teilmenge der entsprechenden Massenerscheinung im Auge.

Betrachtet man den Übergang von starr determinierten Systemen zu zufälligen Massenerscheinungen, registriert man einen offenkundigen Sprung. Das Extrem vollständiger Abhängigkeit zwischen den Elementen geht in das Extrem einer hinreichend vollständigen Unabhängigkeit über. Hier wird man zu einer Analogie zur Entwicklung physikalischer Vorstellungen über die Struktur der Materie gedrängt. Anfangs hat die Physik den rein korpuskularen Aspekt der Materiestruktur betont, später dann den Wellenaspekt. Die gegenwärtige Physik nun bemüht sich um die Synthese beider. Vielleicht gibt es in absehbarer Zeit eine analoge Synthese bei der Betrachtung von Abhängigkeit und Unabhängigkeit? Eine bestimmte Begründung dafür kann man darin sehen, daß man in der Wahrscheinlichkeitstheorie in den letzten Jahren der Erforschung bestimmter Abhängigkeiten (Markovsche Prozesse u. a.) immer größere Aufmerksamkeit schenkt.

4. Stabilität der relativen Häufigkeit und Wahrscheinlichkeit. In jeder zufälligen Massenerscheinung kann die Zufallsgröße vielfach, praktisch zumeist unbegrenzt häufig, alle ihre möglichen Werte durchlaufen. Jedes der Ereignisse einer zufälligen Massenerscheinung kann vielfach auftauchen oder reproduziert werden. Dabei ist außerordentlich wesentlich, daß mit steigender Anzahl der Ereignisse die relative Häufigkeit eines jeden von ihnen stabil bleibt. Diese Größe zeigt eine klare Tendenz, sich um einen konstanten Wert zu gruppieren. Dabei wird unter der relativen Häufigkeit ν eines zufälligen Ereignisses A (charakterisiert durch einen bestimmten Wert der Zufallsgröße) unter den Bedingungen S das Verhältnis der Häufigkeit dieses Ereignisses μ zur Gesamtzahl der Ereignisse n verstanden:

$$\nu = \frac{\mu}{n}.$$

Diese stabilen Häufigkeitswerte verändern sich auch nicht, wenn die entsprechenden zufälligen Massenerscheinungen unter gleichen Bedingungen reproduziert werden. Die Stabilität der relativen Häufigkeiten ist eine bemerkenswerte Besonderheit der Zufallsgrößen. Sie ist gerade durch die Existenz einer Wahrscheinlichkeit bedingt. Der gegebene stabile Wert der relativen Häufigkeit wird als Erscheinungsform der Wahrscheinlichkeit und ihres Zahlenwertes angesehen. Dieser kommt den zu erforschenden Objekten und Prozessen zu, die durch zufällige Größen charakterisiert werden. Unter der Voraussetzung, daß ein Würfel die richtige geometrische Form hat und sein innerer Aufbau homogen ist, fällt in großen Serien jede der sechs Zahlen etwa mit der Häufigkeit 1/6. Das wird als Ausdruck für die Wahrscheinlichkeit gesetzt, eine dieser sechs Zahlen zu würfeln.

Die Stabilität der relativen Häufigkeit gestattet es, die Wahrscheinlichkeit auf die anschaulichste Weise zu definieren und ihren objektiven Inhalt am deutlichsten und unmittelbar zu erschließen. A. N. Kolmogorov schrieb dazu: „Von der rein formalen Seite kann man über die Wahrscheinlichkeit offensichtlich nicht mehr sagen als: Die Wahrscheinlichkeit $P(A/S)$ ist eine Zahl, um die herum sich unter den Bedingungen S und bei den von diesen Bedingungen vorgesehenen Verfahren zur Bildung von Serien die Häufigkeiten in der Tendenz so gruppieren, daß mit der Vergrößerung dieser Serien in vernünftigen Grenzen sich diese Tendenz mit ständig wachsender Deutlichkeit und Genauigkeit abzeichnet. Sie führt bei durchaus erreichbaren Größenordnungen der Serien in einer konkreten Situation zu einer hinreichenden Zuverlässigkeit und Genauigkeit."[1]) Alle wesentlichen Erfolge der praktischen Anwendung der Wahrscheinlichkeitstheorie gehen im wesentlichen dann auch auf den existierenden Zusammenhang zwischen der Wahrscheinlichkeit und der relativen Häufigkeit zurück.

Die Erschließung der Zufallsgröße hat uns also über die Stabilität zum Wahrscheinlichkeitskonzept geführt. Die stabilen relativen Häufigkeiten sind Erscheinungsformen der Wahrscheinlichkeit. Die Situation ist vergleichbar mit den Spuren in der WILSONschen Nebelkammer, den Schwärzungen auf Photoplatten, dem Reagieren von Zählern und anderen makroskopischen Effekten, die Erscheinungsformen der Wechselwirkungen von Elementarteilchen darstellen. Analog dazu, wie anhand der Spuren in der Nebelkammer Schlußfolgerungen über die Eigenschaften von Elementarteilchen gezogen werden, werden über die stabilen relativen Häufigkeiten Rückschlüsse vor allem auf die Zahlenwerte der entsprechenden Wahrscheinlichkeiten gewonnen. Man kann unter Bezug auf die Feststellung „das Wesen erscheint, die Erscheinung ist wesentlich" sagen, daß die Wahrscheinlichkeit in Form stabiler relativer Häufigkeiten dargestellt wird und daß die stabilen relativen Häufigkeiten etwas über das Wesen der Wahrscheinlichkeit aussagen.

Das Häufigkeitskonzept der Wahrscheinlichkeit bedeutet, daß die Wahrscheinlichkeit als Charakteristik von Massenerscheinungen anzusehen ist. Der Begriff der Häufigkeit hat nur Sinn für Massenerscheinungen. Dieser Aspekt wird damit zu einem der wichtigsten, prinzipiellen Züge der Wahrscheinlichkeitstheorie.

Die Wahrscheinlichkeit wird aber definitionsgemäß einem einzelnen Ereignis zugeschrieben. Das entspricht einer Zuordnung zu einem der möglichen Werte einer Zufallsgröße. Eine beliebige wahrscheinlichkeitstheoreti-

---

[1]) А. Н. Колмогоров, Теория вероятностей. В: Математика, ее содержание, методы и значение. т. II. Москва 1956, стр. 275.

sche Massenerscheinung verfügt über eine prinzipielle Vielfalt, d. h., sie wird durch verschiedene (mindestens zwei) Ereignisse durch verschiedene mögliche Werte der Zufallsgröße charakterisiert. Demzufolge geht die Wahrscheinlichkeitstheorie davon aus, daß jedes der Ereignisse einer Massenerscheinung durch eine bestimmte Wahrscheinlichkeit und die Massenerscheinung selbst durch eine Wahrscheinlichkeitsverteilung charakterisiert sind.

Bereits das Wort „Verteilung“ zeigt den Inhalt des Begriffes Wahrscheinlichkeitsverteilung an. Die Wahrscheinlichkeitsverteilung einer Zufallsgröße wird über das Spektrum der möglichen Werte (Ereignisse) und die Wahrscheinlichkeit bestimmt, die jedem konkreten Teil seines Spektrums zukommt. Wenn beispielsweise die Zufallsgröße eine Reihe diskreter Werte annimmt, so wird die Verteilung durch die Angabe der möglichen Werte $x_1, x_2, \ldots x_n, \ldots$ dieser Größe und die entsprechenden Wahrscheinlichkeiten $p_1, p_2, \ldots, p_n, \ldots$ gegeben. Verteilungen können diskret und kontinuierlich sein. Mathematisch können sie auf verschiedene Art angegeben werden. Zu nennen sind vor allem die Verteilungsfunktionen, die charakteristischen Funktionen und die Wahrscheinlichkeitsdichte. Dementsprechend spricht man dann auch von Gesetzen der Wahrscheinlichkeitsverteilung und den verschiedenen äquivalenten Ausdrücken dieses Gesetzes.

Das Konzept der Wahrscheinlichkeitsverteilung ist allgemeinerer Natur als das einfache Konzept von der Wahrscheinlichkeit eines einzelnen Ereignisses. Die Bestimmung der Wahrscheinlichkeit eines zufälligen Ereignisses geht im Prinzip vom Konzept der Verteilungen aus. Denn man kann die Wahrscheinlichkeit eines beliebigen Ereignisses „A“ nur angeben, wenn man die Wahrscheinlichkeit des entgegengesetzten Ereignisses „nicht — A“ bestimmt hat. Wenn man also lediglich über die Wahrscheinlichkeit eines Ereignisses spricht, dann werden Eigenschaften und Gesetzmäßigkeiten einfachster Verteilungen mit einer möglichst kleinen Vielfalt untersucht. Der Übergang zur eigentlichen Sprache der Wahrscheinlichkeitsverteilungen erfolgt erst bei der Vergrößerung der Vielfalt. Deshalb stellt auch M. LOÈVE fest, daß der Begriff einer Zufallsgröße ein allgemeinerer Begriff ist als der Begriff eines zufälligen Ereignisses.[1])

Die Verteilung in einer zufälligen Massenerscheinung bedeutet, daß unabhängig von der völlig ungeordneten Veränderung der Werte einer Zufallsgröße im Experiment die relative Zahl der Elemente mit einem bestimmten Wert außerordentlich stabil ist. Auf der Grundlage des Konzepts der Wahrscheinlichkeitsverteilung erfährt der Begriff der Zufallsgröße eine strengere Bestimmung. Zufallsgröße heißt eine solche veränderliche Größe, die völlig regellos (es gibt keinerlei Gesetzmäßigkeit) das Spektrum möglicher Werte durchläuft und für die dabei eine Wahrscheinlichkeitsverteilung existiert.

Der Begriff der Wahrscheinlichkeitsverteilung (oder einfach Verteilung) ist ein zentraler Begriff in der Wahrscheinlichkeitstheorie. Er stellt eine Strukturcharakteristik eines abstrakten wahrscheinlichkeitstheoretischen Systems zufälliger Erscheinungen dar und bringt damit eine innere Ordnung in diesem System zum Ausdruck. Er macht die Art der Synthese des differentiellen und integralen Aspekts im Aufbau des Systems und eine bestimmte Gemeinsamkeit im Verhalten ihrer Elemente unter bestimmten Bedingungen deutlich. Auf der Grundlage des Verteilungsbegriffes werden auch andere Begriffe der Wahrscheinlichkeitstheorie vereinigt, die prinzipiell Bedeutung für das Verständnis und die Erschließung des Inhalts der gesamten Theorie haben. Mit Hilfe dieses Begriffes werden die Elemente von Wahrscheinlichkeitssystemen, ihr gegenseitiger Zusammenhang, die Grundlagen ihrer Einschaltung in Systeme und die Gesamtsysteme charakterisiert. In dieser Hinsicht ist auch die Angabe äußerer Bedingungen für das System außer-

---

[1]) М. Лоэв, Теория вероятностей. Москва 1962, стр. 15.

ordentlich bedeutungsvoll. Traditionell wird das in den Definitionen der Wahrscheinlichkeitstheorie selbst berücksichtigt.

Das Konzept der Verteilungen spielt auch bei den verschiedensten Anwendungen der Wahrscheinlichkeitstheorie die zentrale Rolle. Auf ihrer Grundlage werden die Naturgesetze mit den Mitteln der Wahrscheinlichkeitstheorie ausgedrückt. „Bestimmte Eigenschaften werden wahrscheinlichkeitstheoretische Eigenschaften dann und nur dann, wenn sie mit Hilfe von Verteilungen beschrieben werden.“[1])

Die eingeführten Begriffe von den zufälligen Ereignissen bis zu den Wahrscheinlichkeitsverteilungen stellen das begriffliche Fundament der Wahrscheinlichkeitstheorie dar. Ihre weitere Erläuterung erfolgt vor allem über die Untersuchung der Regeln für den Umgang mit Wahrscheinlichkeiten. Wir wollen hier nicht auf die Entwicklung des mathematischen Apparates eingehen, sondern lediglich hervorheben, daß das nicht einfach deduktiv geschehen kann. Mit der Ausarbeitung der Theorie entstehen neue Begriffe und Vorstellungen, was zur Entwicklung der Theorie selbst wesentlich beiträgt. Die gesamte weitere Ausarbeitung der Wahrscheinlichkeitstheorie ist zugleich eine Entwicklung des Wahrscheinlichkeitskonzepts. Ohne dessen Analyse ist eine vollständige und folgerichtige philosophische Erschließung ihres Wesens ausgeschlossen.

Das Konzept wahrscheinlichkeitstheoretischer Zufallsgrößen ist über eine Verallgemeinerung eines außerordentlich umfangreichen Erfahrungsmaterials entstanden. Nachdem aber dieses Konzept einmal ausgearbeitet vorlag, wurde es zur Grundlage neuer Methoden der theoretischen Analyse von Naturerscheinungen. Damit wurde zugleich das der wissenschaftlichen Forschung zugängliche Gebiet der Erscheinungen wesentlich erweitert.

---

[1]) Ebenda S. 183.

4.2. Zu den Diskussionen um die Definition der Wahrscheinlichkeit

Obwohl die Häufigkeitsinterpretation der Wahrscheinlichkeit oder, wie man manchmal auch sagt, die statistische Interpretation ein vollständiges Verständnis der objektiven Grundlagen des Wahrscheinlichkeitskonzepts in allen praktischen Anwendungen liefert, vor allem in Naturwissenschaft und Technik, vermag sie jedoch eine Reihe von Fragen im Zusammenhang mit der Definition der Wahrscheinlichkeit nicht endgültig zu beantworten. Bei der Häufigkeitsinterpretation wird die Wahrscheinlichkeit ausschließlich a posteriori bestimmt. Es wird mit dem zu untersuchenden materiellen Objekt oder System eine Serie von Versuchen bzw. Beobachtungen ausgeführt, deren Resultate statistisch auszuwerten sind. Wenn man Stabilität in den relativen Häufigkeiten festgestellt hat, sagt man, daß das Untersuchungsobjekt oder -system durch einen bestimmten Wahrscheinlichkeitswert charakterisiert werde. Die Wahrscheinlichkeit gilt als Charakteristikum des materiellen Objekts oder Systems, das aber lediglich als äußerliche Größe erscheint, vermittelt durch die relativen Häufigkeiten.

Ein rein statistisches Konzept bei der Definition der Wahrscheinlichkeit schließt faktisch die Möglichkeit aus, die Wahrscheinlichkeit als rein theoretische Größe bei der Analyse der Wirklichkeit einzuführen. Deshalb kommt es zu der Frage: Kann man die Wahrscheinlichkeit mit bestimmten inneren Eigenschaften der Objekte, mit ihrem Aufbau und ihrem Verhalten so verbinden, daß man unabhängig von den relativen Häufigkeiten die Wahrscheinlichkeitswerte eines bestimmten Untersuchungsobjektes zu bestimmen vermag? Eine solche Frage ist auch deshalb nicht sinnlos, weil es in der Entwicklung der Wahrscheinlichkeitstheorie die sogenannte klassische Definition der Wahrscheinlichkeit gegeben hat und diese Definition bis heute in zahlreichen Fällen sinnvoll bleibt.

Die historisch erste Definition des Wahrscheinlichkeitsbegriffes geht von den einfachsten Anwendungen der Theorie auf Glücksspiele aus. Danach wird die Wahrscheinlichkeit auf der Grundlage der Vorstellung der Gleichmöglichkeit bestimmt. D. h., für diese Definition der Wahrscheinlichkeit wird die Zahl der möglichen Ausgänge des zu untersuchenden Prozesses registriert. Alle Ausgänge werden als gleichmöglich angenommen. Daraus folgt dann, daß die Wahrscheinlichkeit eines einzelnen Ereignisses gleich dem Quotienten „Eins durch Anzahl der möglichen Ausgänge" ist. Die Wahrscheinlichkeit, eine bestimmte Zahl eines „normalen" Würfels zu würfeln, ist demnach 1/6, denn es gibt bei jedem Würfel 6 gleichmögliche Ausgänge.

Diese Definition der Wahrscheinlichkeit wurde stark kritisiert. Vor allem ist darauf verwiesen worden, daß sie einen circulus vitiosus enthält. Die Wahrscheinlichkeit wird über die Gleichmöglichkeit bestimmt, die der Sache nach mit der Gleichwahrscheinlichkeit identisch ist. Gleiche Wahrscheinlichkeiten aber kann man nur auf der Grundlage des Wahrscheinlichkeitskonzepts selbst bestimmen. Wenn man die wörtliche Formulierung der klassischen Wahrscheinlichkeitstheorie allein vor Augen hat, dann hat man es wahrhaftig mit einem solchen Zirkelschluß zu tun. Es geht hier aber nicht nur um die wörtliche Formulierung. Wesentlich wichtiger ist es, sich darüber Klarheit zu verschaffen, wie die realen Vorstellungen über gleiche Möglichkeiten zustande gekommen sind.

Wenn wir deshalb also jene realen Situationen betrachten, mit denen es die klassische Definition der Wahrscheinlichkeit zu tun hatte, dann bemerken wir, daß die Vorstellungen über Gleichmöglichkeit und Gleichwahrscheinlichkeit keineswegs zu einem Zirkelschluß führen. Im Falle eines Würfels gingen die Überlegungen über die Gleichmöglichkeit von der richtigen geometrischen Form des Würfels, der Homogenität seines Materials und der Einhaltung bestimmter Bedingungen beim Würfeln aus.

Analoges gilt für alle Fälle, in denen die klassische Wahrscheinlichkeitsdefinition benutzt wurde.

Deshalb kann man sagen, daß die klassische Wahrscheinlichkeitsdefinition die Vorstellung von der Gleichmöglichkeit mit bestimmten Daten über den Aufbau (die Struktur) der entsprechenden materiellen Systeme und mit bestimmten Bedingungen des Umgangs mit ihnen begründet. Wenn diese Voraussetzungen nicht gegeben sind, verlieren die Behauptungen über die Gleichmöglichkeit augenblicklich ihre Bedeutung.

Wichtig ist also nicht der Zirkelschluß, sondern die Tatsache, daß sich dieses Konzept auf Symmetrieüberlegungen stützt, auf den Gedanken, daß im Aufbau der betrachteten materiellen Systeme einfachste Symmetrien vorhanden sind. Symmetrieüberlegungen sind aber Strukturcharakteristika materieller Objekte und Prozesse. Dieser Zusammenhang zwischen der Wahrscheinlichkeit und den Strukturcharakteristika erhielt allerdings in der klassischen Wahrscheinlichkeitsdefinition keine streng quantitative Fassung, sondern wurde lediglich qualitativ beschrieben. Beim Übergang zu komplizierteren Fällen (beispielsweise vom „normalen“ zum „nichtnormalen“ Würfel) konnte man über diesen Zusammenhang nichts mehr sagen. Dabei wurden gleichmögliche Fälle zu ungleichen, und die entsprechenden quantitativen Vergleichsgrößen verloren ihren Sinn.

Als es den Grad der Ungleichheit verschiedener Möglichkeiten zu beurteilen galt, ging man zum Konzept der relativen Häufigkeiten über. Das erweiterte die Grundlage für die Definition der Wahrscheinlichkeit. Die gleichmöglichen Fälle wurden dabei über die relativen Häufigkeiten bestimmt. Das führte deshalb zu jenem Zirkelschluß, weil die Gleichmöglichkeit auf der Grundlage der Wahrscheinlichkeitsdefinition festgestellt wurde. Das Konzept der Gleichmöglichkeit der Fälle verlor seinen ursprünglich tiefen Sinn.

Mit der Entwicklung der Wahrscheinlichkeitstheorie wurde das Häufigkeitskonzept verabsolutiert. Die Häufigkeit wurde jetzt als einzige und allumfassende Basis für die Wahrscheinlichkeitsdefinition angesehen.

Für die Entwicklung des Häufigkeitskonzepts bei der Begründung der Wahrscheinlichkeitstheorie hatten die Arbeiten R. VON MISES' erstrangige Bedeutung. Seine in den 20er Jahren unseres Jahrhunderts geäußerten Ideen fanden unter den Mathematikern und besonders unter den Naturwissenschaftlern sowie den Vertretern der technischen Wissenschaften sofort viele Anhänger. „Damals fand man in allen Lehrbüchern und Monographien zur Wahrscheinlichkeitstheorie die alten, ohne jegliche Änderung von LAPLACE übernommenen Grundlagen. Es kann kein Zweifel darüber bestehen", schrieb A. J. CHINČIN, „daß jedem Forscher die Schwächen dieser Grundlagen bewußt waren, daß er die mangelhafte Übereinstimmung dieser Grundlagen mit jenem Niveau spürte, auf das sich die Mathematik seit LAPLACE erhoben hatte. Von Zeit zu Zeit konnte man darüber auch einzelne Feststellungen in der Literatur finden. Trotzdem aber begann jeder Autor seine Abhandlung mit Bemerkungen über die gleichmöglichen und günstigen Fälle, um dieses unangenehme Thema schnellstens hinter sich zu bringen und zur weiteren Darlegung der Theorie überzugehen, die dann nicht mehr so gefährliche Klippen barg."[1])

Angesichts der intensiven Entwicklung der Wahrscheinlichkeitstheorie und ihres keineswegs weniger intensiven Vordringens in den Naturwissenschaften wurde diese Haltung zu den Grundlagen der Theorie immer weniger annehmbar. MISES hat die klassische Begründung der Wahrscheinlichkeitstheorie einer Kritik unterzogen und gezeigt, daß dieses Konzept einen begrenzten Anwendungsbereich besitzt. In den Naturwissenschaften reicht es mindestens in den interessantesten Fällen nicht aus. Das bedeutete zweifelsohne, daß auf der Grundlage der klassischen Methode ein befriedigendes Fundament für die Theorie nicht zu schaffen war.

---

[1]) А. Я. Хинчин, Вопросы философии 1961. № 1, стр. 94.

Das wesentliche an den Arbeiten von MISES ist aber in seinem konstruktiven Programm zu sehen. Indem er das Häufigkeitskonzept zur Grundlage der Wahrscheinlichkeitstheorie machte, definierte er Wahrscheinlichkeit als den Grenzwert relativer Häufigkeiten:

$$p = \lim \nu = \lim_{n \to \infty} \frac{\mu}{n}.$$

Diese Definition der Wahrscheinlichkeit betrachtete er als empirische.

Um die Erfahrungsgrundlage der Wahrscheinlichkeitstheorie zu erfassen, führte er deshalb das regellose Kollektiv als Reihe der Versuchs- oder Beobachtungsergebnisse ein. Regellose Kollektive wurden dabei durch folgende drei Grundeigenschaften bestimmt: 1) die unendliche Zahl ihrer Komponenten; 2) die Existenz von Grenzwerten der relativen Häufigkeiten in jenen Teilfolgen, in die das Ausgangskollektiv zerlegt werden kann; 3) die Regellosigkeit, d. h. die Invarianz dieser Grenzwerte gegenüber beliebigen Veränderungen der Teilfolgen und vor allem die Invarianz gegenüber beliebigen Vertauschungen und Streichungen von Gliedern in diesen Folgen.

Wie leicht zu sehen ist, erinnert diese Interpretation der Wahrscheinlichkeit an das bereits erwähnte Konzept, das von wahrscheinlichkeitstheoretischen Zufallsgrößen ausgeht. Beide Konzepte sind an Häufigkeiten gebunden, da in beiden die Wahrscheinlichkeiten über relative Häufigkeiten bestimmt werden. Die Merkmale, nach denen sich die Teilfolgen der regellosen Kollektive bei MISES unterscheiden, sind nichts anderes als die Charakteristika des Spektrums möglicher Werte der Zufallsgrößen. Regellosigkeit ist ein Ausdruck jenes Faktes, daß Realisierung eines Wertes der Zufallsgröße keinesfalls von der Erscheinung ihrer anderen Werte abhängt.

Die Häufigkeitskonzeption nach MISES hatte aber auch einige Schwächen, deren Überwindung zur Veränderung der Häufigkeitsinterpretation der Wahrscheinlichkeit selbst führte. Die Forderung nach der Existenz einer unendlichen Zahl von Gliedern des Kollektivs ist unvereinbar mit der Tatsache, daß diese Kollektive die empirische Grundlage der Wahrscheinlichkeit darstellen. Real ist es unmöglich, eine unendliche Folge von Versuchen oder Beobachtungen auszuführen. Noch wesentlicher aber ist die Feststellung, daß die Existenz von Grenzwerten der relativen Häufigkeit in regellosen Kollektiven keinen mathematischen Sinn hat. So unterstreicht A. J. Chinčin, daß der Begriff eines Grenzwertes in seinem üblichen mathematischen Verständnis nur für eine individuelle, gesetzmäßig bestimmte Folge definiert ist: „Dort wo es keinerlei Gesetzmäßigkeiten für die Bestimmung dieser Folge gibt und prinzipiell nicht geben darf, kann man nicht einmal die Frage stellen, ob ein Grenzwert existiert oder nicht."[1])

In Übereinstimmung mit den Bemerkungen über das gegenwärtige Häufigkeitskonzept der Wahrscheinlichkeitstheorie kann man feststellen, daß die Behauptung über die Existenz eines Grenzwertes in regellosen Kollektiven lediglich eine Hypostasierung der Stabilität der relativen Häufigkeiten darstellt. Diese Stabilität ist zweifelsohne ein Erfahrungswert. Es geht darum, die adäquaten Verfahren seiner mathematischen Darstellung zu finden. Die Grenzwertkonzeption erwies sich dafür als ungeeignet. Deshalb spricht man heute von der Tendenz der relativen Häufigkeiten, sich unter bestimmten Bedingungen um einen konstanten Wert zu gruppieren.

Dazu hat A. N. Kolmogorov festgestellt: „Die Annahme über den Wahrscheinlichkeitscharakter von Versuchen, d. h. über die Tendenz der Häufigkeiten, sich um einen konstanten Wert zu gruppieren, ist nur unter Beibehaltung bestimmter Bedingungen richtig (ebenso wie die Annahme über die „Zufälligkeit" einer bestimmten Erscheinung). Diese Bedingungen können nicht unbe-

---

[1]) Ebenda S. 79.

grenzt lange und mit unbegrenzter Genauigkeit eingehalten werden. Deshalb kann ein exakter Übergang zum Grenzwert $\frac{\mu}{n} \to p$ keinerlei reale Bedeutung haben. Die Formulierung des Stabilitätsprinzips der Häufigkeiten erfordert bei der Hinwendung zum Grenzübergang die Bestimmung von erlaubten Verfahren, um eine unendliche Folge von Versuchen zu bilden. Das kann auch wiederum nur eine mathematische Fiktion sein. Die Vielfalt dieser Begriffe könnte durchaus einer weiteren ernsthaften Betrachtung unterzogen werden, vorausgesetzt, auf dieser Grundlage wäre ein besonders origineller Aufbau der Theorie zu erzielen, der nur auf diesem Wege streng begründet werden könnte."[1])

Neben der Kritik an der Auffassung über die Wahrscheinlichkeit als Grenzwert der relativen Häufigkeit stieß vor allem die MISESsche Auffassung zur Begründung für die Stabilität der relativen Häufigkeit auf heftige Kritik. So schrieb beispielsweise A. J. CHINČIN: „Die Häufigkeit von Ereignissen kann nur dann mit der Definition der Wahrscheinlichkeit verbunden werden, wenn sie über Stabilität verfügt, d. h., wenn wir in beliebig großen Versuchsserien in der Regel etwa ein und denselben Häufigkeitswert erhalten ... Der Apparat der Wahrscheinlichkeitstheorie ist also folglich nur auf Erscheinungen anwendbar, für die die relative Häufigkeit von Ereignissen stabil bleibt. Was aber sind das für Erscheinungen? Wodurch müssen sich Naturerscheinungen auszeichnen, damit die Häufigkeiten der mit ihnen verbundenen Ereignisse konstant bleiben? Und wie kann man, ohne Experimente zu machen, aus den die Erscheinungen bestimmenden Gesetzmäßigkeiten theoretisch ermitteln, ob eine bestimmte Erscheinung zur Klasse der Erscheinungen mit stabilen Häufigkeiten gehört oder nicht? Die Antworten auf diese Fragen haben fundamentale Bedeutung

---

[1]) А. Н. Колмогоров, Теория вероятностей. В. Математика, ее содержание, методы и значение. Москва 1956. т. II, стр. 274 – 275,

für die methodologisch richtige Ausarbeitung von Wahrscheinlichkeitskonzeptionen."[1])

In der MISESschen Konzeption wird die Frage nach der Ursache der Stabilität von Häufigkeiten nicht gestellt. Mehr noch: In dieser Konzeption wird die Berechtigung einer solchen Frage sogar in Zweifel gezogen. Diese Konzeption fordert lediglich, daß die relativen Häufigkeiten von Ereignissen, die mit den Methoden der Wahrscheinlichkeitstheorie erforscht werden, zu bestimmten Grenzwerten streben, wenn man die Versuche unbegrenzt wiederholt. Ist das der Fall, dann spricht man davon, daß die Wahrscheinlichkeit eines Ereignisses existiert und gleich diesem Grenzwert ist. Im gegenteiligen Fall sagt man einfach, daß die entsprechende Erscheinung über keine Wahrscheinlichkeit verfügt und deshalb mit den Methoden der Wahrscheinlichkeitstheorie auch nicht zu erforschen sei. Eine weitere Analyse des Wahrscheinlichkeitsbegriffes in Zusammenhang mit der Analyse des Forschungsobjektes wird als überflüssig deklariert.

Das Kollektiv wird bei MISES ausschließlich als Ensemble von Versuchs- bzw. Beobachtungsresultaten verstanden. So haben also für den Würfel nur die Resultate der einzelnen Würfe Bedeutung, während die Eigenschaften, der Aufbau und die Bewegungsgesetze des Würfels keinerlei Beziehung zur Analyse des Wahrscheinlichkeitsbegriffes aufweisen. Die Resultate des Würfelns werden in dieser Konzeption den weiteren Berechnungen zugrunde gelegt. Alle Überlegungen über die Ursachen dieser Resultate liegen demnach außerhalb der positiven Wissenschaft. Das aber bedeutet, daß man faktisch von solchen theoretischen Berechnungen und Voraussagen über quantitative Wahrscheinlichkeitswerte prinzipiell Abstand nimmt, die allein auf der Grundlage der Eigenschaften, dem Aufbau und den Bewegungsgesetzen materieller Objekte erfolgen. Das meint man auch, wenn man davon

[1]) А. Я. Хинчин, Метод произвольных функций и борьба против идеализма в теории вероятности. В: философские вопросы современной физика. Москва 1952, стр. 522–523.

spricht, daß die Konzeption von Mises die Analyse objektiver Ursachen für die Stabilität verhindert.

Die Position von Mises wurde vor allem in den Arbeiten sowjetischer Mathematiker einer heftigen philosophischen Kritik unterzogen. Dabei wurde auf die Wurzeln derartiger Anschauungen hingewiesen, die im positivistischen Herangehen zu sehen sind. Der Positivismus kommt in seiner empiristischen Version, mit der wir es hier zu tun haben, letztlich zu einer Verabsolutierung der Rolle und der Bedeutung der Erscheinungen, der äußeren Erscheinungsformen und der Beobachtungen im Erkenntnisprozeß, indem er sie als die alleinigen Ausgangsdaten der Wissenschaft ansieht. Infolgedessen wird das Wesen der Dinge vom Positivismus faktisch als etwas gesehen, das mit diesen unmittelbaren Daten allein bereits vollständig und allumfassend bestimmt ist. Dem Wesen wird keinerlei objektive eigenständige Bedeutung zugemessen. Die Erscheinungen, die Beobachtungen bestimmen und bedingen das Wesen; das Wesen aber vermag nicht die unmittelbaren Daten hervorzubringen. Die Beziehungen vom Wesen zur Erscheinung tragen rein logischen Charakter. Sie werden ausschließlich von der Tätigkeit des erkennenden Intellekts bestimmt.

Indem der empiristisch orientierte Positivismus die Eigenständigkeit des Wesens negiert, verneint er damit zugleich die selbständige Bedeutung theoretischer Feststellungen in den Wissenschaften. Dem Menschen sind in seiner Beziehung zur Natur nun aber nicht nur Erscheinungen und Beobachtungen gegeben, sondern vor allem materielle Objekte und Systeme, die gewissermaßen in Erscheinung und Wesen zerfallen. Über die Beobachtung führt der Weg zur Erschließung des Wesens. Das Wesen bringt die Erscheinung hervor.

In der Häufigkeitskonzeption nach Mises wird die Aufgabe der Wahrscheinlichkeitstheorie darin gesehen, Übereinstimmung zwischen verschiedenen Beobachtungen herzustellen. Das was hier im Versuch beobachtet wird, wird nicht als Resultat einer Wechselwirkung von Körpern angesehen, aus der man auf bestimmte Eigenschaften sowie deren Aufbau und die Gesetzmäßigkeiten ihres Verhaltens schließen kann. Deshalb steht in der Häufigkeitskonzeption auch nicht die Aufgabe nach der Begründung der Stabilität von Häufigkeiten. Diese Aufgabe kann nur auf der Grundlage der materialistischen Lösung der Frage nach dem Wesen der Erkenntnis formuliert werden.

Die Frage zu stellen heißt noch keineswegs, sie bereits gelöst zu haben. Wenn man sich vor theoretischen Verallgemeinerungen fürchtet, die über die unmittelbaren Erfahrungsdaten hinausreichen, was für den engen Praktizismus und Positivismus außerordentlich charakteristisch ist, dann kann man sich prinzipiell so lange nicht von Zweifeln an der Rechtmäßigkeit dieser Aufgabenstellung befreien, wie deren konkrete Lösung unbekannt bleibt. Solange wir kein Atom gesehen haben, gibt es dann keine Berechtigung, von seiner Existenz zu sprechen. Solange man die Sterne nicht unmittelbar untersuchen kann, hätten wir dann kein Recht, von ihrem Aufbau zu sprechen usw. Die Anerkennung der Berechtigung der formulierten Aufgabenstellung bietet hingegen die beste Gewähr, baldmöglichst die richtige Lösung zu finden. Rückwirkend wird diese Lösung dann sicher auch die Aufgabenstellung selbst wieder in gewisser Weise korrigieren. In der Forschung antwortet die Natur auf Fragen, die wir ihr stellen. Die richtigen Fragen zu formulieren gehört also zu den notwendigen Voraussetzungen wissenschaftlicher Forschung. Dabei geht es selbstverständlich immer um die innere Begründung einer Fragestellung.

Die Frage nach den Ursachen für die Stabilität von Häufigkeiten ist gegenwärtig gerade erst sinnvoll formuliert. Sie ist verbunden mit dem Verständnis der Wahrscheinlichkeit selbst und stützt sich auf bestimmte Erfahrungswerte sowie erkenntnistheoretische Vorstellungen. Ihre Lösung ist bislang noch nicht abzusehen, obwohl in dieser Richtung bereits einige Anstrengungen unternommen wurden. Besondere Aufmerksamkeit unter den

Lösungsversuchen verdient die sogenannte Methode der Auswahlfunktionen, die vor allen Dingen in den Arbeiten von A. J. Chinčin entwickelt wurde.

Um das Wesen dieser Methode zu erläutern, betrachten wir nochmals das Würfelbeispiel. Wir setzen voraus: Es wird so gewürfelt, daß die zufälligen Einwirkungen auf den Würfel während seiner Bewegung (Luftwiderstand u. ä.) vernachlässigbar klein sind. Die Bewegung des Würfels erfolgt also nach den Gesetzen der klassischen Mechanik. Der Ausgang jedes Versuchs kann genau vorausbestimmt werden, wenn sein Anfangszustand bekannt ist (Ausgangslage und -geschwindigkeit). Praktisch unterscheidet sich aber dieser Ausgangszustand in jedem Wurf, was dann ja auch zu den verschiedenen Würfelergebnissen führt. Mit der Methode beliebiger Funktionen kann man zeigen, daß unter bestimmten, recht allgemeinen Bedingungen bezüglich der Verteilung der Ausgangszustände (von daher auch die Bezeichung der Methode) die relative Häufigkeit der einzelnen Ereignisse stabil bleibt und die entsprechenden Wahrscheinlichkeitswerte theoretischen Voraussagen zugänglich sind.

Mit dieser Methode wurden bislang nur die einfachsten Anwendungen der Wahrscheinlichkeitstheorie untersucht. Das sind Erscheinungen mechanischen Typs in konservativen Systemen. Über kompliziertere Fälle gibt es lediglich allgemeine Vorstellungen. Aber auf der Grundlage des bereits Erreichten kam A. J. Chinčin zu der Schlußfolgerung, daß die „prinzipielle Möglichkeit einer objektiven wissenschaftlichen Voraussage von Häufigkeiten und die Angabe entsprechender Zahlenwerte für diese Häufigkeiten gesichert ist. Die Ausdehnung der gefundenen Methode auf einen größeren Kreis von Anwendungsbeispielen kann nun lediglich noch auf mathematische Komplikationen technischer Art stoßen, die gegenwärtig allerdings recht erheblich scheinen."[1])

Gleichzeitig gilt es aber festzuhalten, daß diese Methode,

[1]) Ebenda S. 330.

in der Sprache der Physiker ausgedrückt, in vielem noch der Klassik verhaftet ist, d. h., daß sie die modernen mathematischen Überlegungen gar nicht mit einbezieht. Für die gegenwärtige Entwicklungsetappe der Wahrscheinlichkeitstheorie und der gesamten Mathematik ist aber der axiomatisch mengentheoretische Zugang für die Lösung ihrer Grundlagenprobleme charakteristisch. Deshalb ist von erkenntnistheoretischen Positionen her zu vermuten, daß man bei Lösung der Frage nach den Ursachen der Stabilität von Häufigkeiten auch vorwärtskommen kann, wenn man sich auf diese Entwicklung in den Grundlagenproblemen der Mathematik stützt.

Die Fragestellung nach den Ursachen der Stabilität von relativen Häufigkeiten spricht erneut davon, daß die Analyse des Wesens der Wahrscheinlichkeit unmittelbar mit der Analyse der Besonderheiten im Aufbau entsprechender materieller Objekte, mit der Analyse der Struktur dieser Objekte verbunden ist. Gerade auf diese Seite aber hatte die klassische Definition der Wahrscheinlichkeit hingewiesen. Deshalb ist die Häufigkeitskonzeption der Wahrscheinlichkeit unbedingt durch eine gewisse klassische Konzeption zu ergänzen, die allerdings über die früher bekannte elementare Form hinausgehen muß. R. v. Mises hat die klassische Definition der Wahrscheinlichkeit einfach verworfen, ohne sich zu bemühen, deren positive Ideen zu erhalten. Die neue Häufigkeitskonzeption wurde von ihm eingeführt, nachdem er die klassische Konzeption zerstört hatte. Deshalb war sie nicht die Fortsetzung und Verallgemeinerung dieser Konzeption. Jede andere Verabsolutierung einer Häufigkeitskonzeption würde ebenfalls auf analoge Schwierigkeiten treffen. Das muß wieder dazu führen, den Rahmen der Häufigkeitsinterpretation selbst zu sprengen.

A. N. Kolmogorov hat einmal festgestellt: „Der Wahrscheinlichkeitsbegriff ist ein qualitativ eigenständiger Begriff, der sich nicht formal durch einfachere Begriffe bestimmen läßt. Die sogenannte ‚klassische Definition‘

über das Auszählen gleichmöglicher Fälle und die ‚statistische Definition' über die Häufigkeit widerspiegeln lediglich einige Seiten dieses Begriffes. Vollständiger wird sein Inhalt erst allmählich im dialektischen Prozeß der Erkenntnis der Wirklichkeit erschlossen"[1]).

Sowohl die klassische als auch die Häufigkeitskonzeption der Wahrscheinlichkeit zeigen, daß die Vertiefung unseres Verständnisses der Wahrscheinlichkeit mit der dialektischen Verallgemeinerung unserer Vorstellungen über die strukturelle Organisation der Materie verbunden ist.

5. Verteilungen als Strukturcharakteristika

Im vorangehenden Kapitel wurde erwähnt, daß der Begriff der Verteilung in der Wahrscheinlichkeitstheorie eine zentrale Stellung einnimmt. Die Anwendung wahrscheinlichkeitstheoretischer Ideen und Methoden in den Naturwissenschaften beruht auf der Anerkennung des fundamentalen Charakters dieses Begriffes. Nur auf der Grundlage des Verteilungskonzepts sind die entsprechenden Aufgabenstellungen, die Ausarbeitung der Grundbegriffe und die Formulierung der wesentlichen Abhängigkeiten (Gesetze) in den entsprechenden (statistischen) Theorien möglich.

Wodurch nun kann diese Rolle der Verteilungen vom Standpunkt der Erkenntnistheorie begründet werden? Bereits entsprechend ihrer Definition stellen sie nichts anderes als Strukturcharakteristika von wahrscheinlichkeitstheoretischen zufälligen Massenerscheinungen dar. Diese Erscheinungen werden dabei vom Standpunkt ihrer inneren Differenzierung und Integration, ihrer Vielfalt und Allgemeinheit charakterisiert. Wenn man es aber bei der Feststellung beläßt, daß die Verteilung die Struktur ist und die Struktur die stabile Synthese der inneren

---

[1]) А. Н. Колмогоров, Артиллерейский журнал 1950, № 12, стр. 14.

Differenzierung und Integration der Systeme, dann ist es besser, überhaupt nichts zu sagen. Damit wird lediglich der Eindruck erweckt, daß ein eigentlich ungelöstes Problem bereits gelöst sei. Es handelt sich bei dieser Feststellung vielmehr um eine philosophische Aussage, die ständig weiterentwickelt und vertieft werden muß. Die Verwendung allgemeiner Aussagen in realen Forschungsprozessen bedeutet ja nicht einfach die Entdeckung immer neuer und neuer Erscheinungsformen dieser allgemeinen Aussagen. Die methodologische Rolle philosophischer Aussagen ist nur dann bedeutsam, wenn diese Aussagen mit dem Erkenntnisfortschritt selbst verallgemeinert und vertieft und dabei gleichzeitig die entsprechenden philosophischen Verallgemeinerungen analysiert werden.

Deshalb geht es in philosophischer Hinsicht nicht darum, lediglich die Kategorie Struktur dem Verteilungskonzept zuzuordnen. Es geht vielmehr darum festzustellen, welche philosophischen Verallgemeinerungen aus dem Verteilungskonzept möglich sind. Dieser Fragestellung kommt nicht zuletzt deshalb Bedeutung zu, weil von Strukturen auch bei starr determinierten Systemen die Rede war.

Wir hatten bereits mehrfach darauf verwiesen, daß die allgemeinsten Vorstellungen über die strukturelle Organisation der Materie gegenwärtig bei der Ausarbeitung einer allgemeinen Theorie komplizierter selbstregulierender Systeme entwickelt werden. Dabei wurde darauf aufmerksam gemacht, daß dem Gedanken von den verschiedenen Informationscodierungsebenen und den verschiedenen Determinationsebenen, der Synthese des Mikro- und des Makrokonzepts für die Analyse des Systemaufbaus und den Vorstellungen über das Objekt als Element eines Systems allergrößte Bedeutung zukommt. In diesem Zusammenhang wollen wir nun das Konzept von den Verteilungen diskutieren, das einer bestimmten Entwicklungsetappe der Kategorie Struktur entspricht.

5.1. Organisationsniveaus in Wahrscheinlichkeitssystemen

Das Wesen der Wahrscheinlichkeit zu erschließen heißt vor allem, die Rolle und die Bedeutung von Wahrscheinlichkeitsverteilungen in der Struktur der entsprechenden Klasse wissenschaftlicher Theorien zu analysieren. Weil für die gegenwärtigen Entwicklungen in den Systemforschungen höhere Informationscodierungsebenen und die Ausarbeitung prinzipiell neuer abstrakter Begriffe sowie deren Einschaltung in theoretische Konstrukte charakteristisch sind, muß man bei der Analyse der Rolle und Bedeutung von Wahrscheinlichkeitsverteilungen in der Struktur theoretischer Systeme besondere Aufmerksamkeit auf den Platz von Verteilungen in der Entwicklung allgemeinster Erkenntnisformen lenken. Dabei ist die Rolle der Verteilungen in den entwickeltsten Anwendungen der Wahrscheinlichkeitstheorie von besonders großem Interesse (Quanthentheorie der Physik).

Bevor wir aber zur Verwendung wahrscheinlichkeitstheoretischer Gedankengänge in der Quantentheorie kommen, wollen wir einige Bemerkungen über die Benutzung der Wahrscheinlichkeitssprache in dieser Theorie machen. Wenn die Grundlagen für die Anwendung der wahrscheinlichkeitstheoretischen Methoden in den Naturwissenschaften die Vorstellungen über die Wahrscheinlichkeitsverteilungen darstellen, dann ist es natürlich, daß die Zustände physikalischer Systeme in den entsprechenden Theorien selbst in der Sprache der Verteilungen physikalischer Größen angegeben werden müssen. Dabei haben die Grundgleichungen der statistischen Theorien die Gesetze der Wechselbeziehungen zwischen den Wahrscheinlichkeitsverteilungen der entsprechenden physikalischen Größen und Gesetze der Veränderung dieser Verteilungen in der Zeit auszudrücken.

Tatsächlich ist das in den frühen statistischen Theorien der Physik auch der Fall. Wenn wir allerdings zum mathematischen Apparat der Quantentheorie übergehen, so wird hier die Formulierung der Aufgaben nicht in der Sprache der Wahrscheinlichkeitsverteilungen gegeben, sondern vielmehr in der Sprache der Wellenfunktionen. In dieser Sprache werden in der Quantentheorie physikalische Systeme und ihre Zustände charakterisiert. Auch die Grundgleichungen werden für Wellenfunktionen formuliert. Die Wellenfunktionen selbst sind außerordentlich abstrakte mathematische Größen, und viele Theoretiker meinen, daß ihnen überhaupt kein direkter physikalischer Sinn zukommt. Historisch wurden die Größen rein formal eingeführt — sie konnten sich in der Physik behaupten, nachdem es gelungen war, sie mit Wahrscheinlichkeitsverteilungen zu verbinden. Das Quadrat des Moduls der Wellenfunktion einer bestimmten Darstellung bestimmt die Wahrscheinlichkeit der entsprechenden physikalischen Größe. Der Zusammenhang der Wellenfunktionen mit der Wahrscheinlichkeit rechtfertigt deren Benutzung in der Quantentheorie. Erst die Aufdeckung dieses Zusammenhanges hat es ermöglicht, dem abstrakten mathematischen Apparat der Quantenmechanik eine physikalische Interpretation zu geben.

Gleichzeitig muß man bemerken, daß Quantensysteme existieren („Mischungen"), deren Zustände nicht mit Hilfe von Wellenfunktionen darstellbar sind. Solche Systeme werden über die sogenannte Dichtematrix charakterisiert. Der wesentliche Gedanke zur Interpretation dieser Charakteristika ist wiederum eine wahrscheinlichkeitstheoretische Überlegung. Die Dichtematrix selbst ist ihrem Wesen nach eine komplizierte Form der Darstellung einer Wahrscheinlichkeitsverteilung. Der Übergang von Wahrscheinlichkeitsverteilungen zu Wellenfunktionen bei der Charakterisierung von Zuständen physikalischer Systeme enthält etwas prinzipiell Neues, das die Quantentheorie in das Konzept statistischer Gesetzmäßigkeiten hineingetragen hat. Worin besteht nun der heuristische Wert dieses Überganges?

Die Benutzung von Wellenfunktionen hat die Möglichkeit eröffnet, die grundlegende Besonderheit von Quantenprozessen aufzuklären, die dialektisch widersprüchliche Wellen- und Korpuskeleigenschaften von Mikroobjekten. Auf dieser Grundlage wurden die entsprechenden Bewegungsgleichungen formuliert.[1]) Die Welleneigenschaften werden an Mikroobjekten in Difraktions- und Interferenzerscheinungen festgestellt und finden theoretisch ihren Ausdruck im Superpositionsprinzip. Eine unmittelbare Benutzung von Wahrscheinlichkeitsverteilungen für die Charakteristik der wichtigsten Besonderheiten von Mikroprozessen kann schon deshalb nicht zum Erfolg führen, weil die Summation von Wahrscheinlichkeitsverteilungen, die überall positive Werte haben, die Interferenzminima nicht zu erklären vermag. Die Wellenfunktionen sind geschmeidigere Größen als die früher eingeführten Wahrscheinlichkeitsverteilungen. Mit ihnen gelingt es, die gesetzmäßigen Zusammenhänge zwischen den Wahrscheinlichkeitsverteilungen von Größen in der Quantentheorie auszudrücken.

Mit der Einführung der Wellenfunktionen in die Quantentheorie wurden zugleich Vorstellungen über die Typen dieser Funktionen entwickelt. Danach können die Wellenfunktionen Skalare, Vektoren, Spinore, Pseudoskalare u. a. sein. Der Typ der Wellenfunktionen wird eindeutig durch die Quanteneigenschaften der Mikroobjekte bestimmt. Spin und Strangeness gehen von Anfang an als Charakteristika der gesamten Wellenfunktionen in die Theorie ein.

Die in der Quantentheorie benutzten Größen (mit Ausnahme einer Reihe von konstanten Größen, die in der Theorie keine Erklärung finden und unmittelbar experimentell bestimmt werden) zerfallen in zwei Klassen: Die eine bilden die sogenannten unmittelbar beobachtbaren Größen (z. B.: Koordinate und Impuls), die in

---

[1]) Eine systematische Erforschung dieses Problems ist in den Arbeiten von M. E. OMELJANOVSKIJ zu finden. Siehe beispielsweise:
М. Э. Омельяновский, Диалектика в современной физике. Москва 1973.

der Theorie als typische Zufallsgrößen im wahrscheinlichkeitstheoretischen Sinne angesehen werden. Die andere Klasse bilden die Quantenzahlen (Spin und Strangeness), die Charakteristika der Wahrscheinlichkeitsverteilungen darstellen (der Wellenfunktionen als besonderer Darstellungsform), die Parameter dieser Verteilungen sind.[1])

Die Unterschiede zwischen diesen Klassen von Begriffen liegen vor allem in der Nähe zu den unmittelbar im physikalischen Experiment gegebenen Daten. Die ersten sind eher äußere Charakteristika der Mikroobjekte, während die zweiten tiefere, innere Charakteristika dieser Objekte darstellen. Die ersten gestatten es, Quantenprozesse zu individualisieren; die zweiten sind von allgemeinerem Charakter. Die ersten stehen den klassischen Begriffen näher, während die zweiten die Spezifik von Quantenerscheinungen ausmachen. Die ersten sind mehr mit der Erscheinung, die zweiten mehr mit dem Wesen verbunden, obwohl klar ist, daß das Wesen erscheint und die Erscheinung wesentlich ist.

Vollständigkeit in der theoretischen Darstellung der Quantenprozesse ist selbstverständlich nur zu erreichen, wenn die Begriffe beider Klassen benutzt werden. Die Verteilungen stellen spezifische Zusammenhangsformen dar. Sie sind eine Synthese dieser beiden Klassen von Größen im Rahmen einer einheitlichen Theorie, die die Unterschiede der beiden Klassen berücksichtigt.

Eine derartige Situation ist für alle Fälle typisch, in denen die Wahrscheinlichkeitstheorie zur Erkenntnis und zur Darstellung von Eigenschaften und Gesetzmäßigkeiten der materiellen Welt benutzt wird. In all diesen Fällen werden die Charakteristika (Parameter) von Forschungsobjekten in zwei Klassen eingeteilt, die eigentlich zwei verschiedenen Strukturebenen ihrer Organisation

---

[1]) Auf die prinzipielle Bedeutung zweier wesentlich verschiedener Begriffstypen für die Sprache der Quantentheorie hat I. P. Stachanov aufmerksam gemacht. Siehe dazu:
И. П. Стаханов, Вопросы философии 1966, № 9.

zugehören. Die Charakteristika der ersten, der Ausgangsebene, sind die, die ständig und unabhängig ihre Werte beim Übergang von einem Element der zu erforschenden Massenerscheinung zu einem anderen verändern. Dabei ist jeder dieser Werte als zufälliges Ereignis anzusehen. Die Charakteristika des tieferen Niveaus sind mit bestimmten Gesetzmäßigkeiten, mit Regelmäßigkeiten verbunden, die in der Gesamtheit von zufälligen Ereignissen gelten. Dabei ist wesentlich, daß die Charakteristika beider Ebenen relativ autonom, also voneinander unabhängig sind. Die Charakteristika der zweiten Ebene, die den Typ der Verteilung charakterisieren, bestimmen keinesfalls jede konkrete zufällige Erscheinung. Die Charakteristika des höheren Niveaus bestimmen also nur in allgemeiner Form, integral die Charakteristika des niederen Niveaus. Die Zusammenhänge zwischen den Charakteristika des höheren Niveaus hingegen aber sind selbst starr determiniert. Die Möglichkeit einer Koexistenz verschiedener Klassen von Charakteristika bei der Abbildung von Eigenschaften eines Forschungsobjektes wird dadurch erreicht, daß die entsprechenden Gesetzmäßigkeiten in der Sprache der Verteilungen als Zusammenhänge zwischen ihnen und ihren Eigenschaften formuliert werden.

Die sehr allgemeine Form der Charakteristika des höheren Niveaus macht ihren Zusammenhang mit den Charakteristika des Ausgangsniveaus außerordentlich geschmeidig. Identischen Werten auf dem höheren Niveau kann ein sehr breites Wertespektrum auf dem niederen Niveau entsprechen. Deshalb ist es relativ leicht möglich, die verschiedenen Stufen der Veränderlichkeit und Beweglichkeit der einzelnen Niveaus in der strukturellen Organisation der Welt theoretisch zu erfassen und widerzuspiegeln. Die stabilen Niveaus werden in der Sprache der allgemeinen Charakteristika abgebildet, die beweglichen und veränderlichen in der Sprache der primären, der Ausgangscharakteristika. Es ist wesentlich, daß auf der Ebene der allgemeinen Charakteristika die Zusammenhänge streng eindeutigen Charakter haben. In Übereinstimmung damit kann man schlußfolgern, daß die Benutzung der Wahrscheinlichkeitstheorie in materiellen Prozessen ausschließlich starr determinierte Zusammenhänge nicht vernachlässigt. Sie überträgt aber diesen Determinationstyp auf die Abhängigkeiten zwischen den wesentlicheren Charakteristika.

Wenn man sich der Bemerkungen aus 2.1 über die Informationscodierungsebenen in komplexen Systemen erinnert, kann man leicht feststellen, daß die zwei untersuchten Klassen von Größen einer Theorie, die von wahrscheinlichkeitstheoretischen Ideen ausgeht, zwei verschiedene Informationscodierungsebenen darstellen. Dabei ist wichtig, daß diese Ebenen in sich eine bestimmte Unabhängigkeit (Autonomie) einschließen und in einer Theorie vereinigt sind.

In gewisser Weise ist der wahrscheinlichkeitstheoretische Fall eine Konkretisierung des Konzepts der Informationscodierungsebenen und ihrer Wechselbeziehungen. Dabei handelt es sich aber um eine solche Konkretisierung, die sich auf einen gut ausgearbeiteten mathematischen Apparat stützt und deshalb auch das Konzept über die Informationsebenen und die Zusammenhänge zwischen ihnen zu verallgemeinern vermag.

Die Zufallsgrößen, das wollen wir nochmals wiederholen, bilden das erste, also das niedere Niveau der Informationscodierung. Sie charakterisieren eine gewisse Menge von Elementen (Ereignissen). Das tun sie aber nicht vom Standpunkt ihres unmittelbaren wechselseitigen Zusammenhanges, sondern vom Standpunkt einer bestimmten Ordnung, einer Organisation der entsprechenden Menge, die von bestimmten, dem äußeren Beobachter verborgenen, tiefen Ursachen bedingt werden.

Der Übergang zu einem höheren Niveau der Informationscodierung setzt also vor allem eine bestimmte Geordnetheit im Ausgangsniveau voraus. Die Verteilungen (in der Quantentheorie — die Wellenfunktionen) drücken diese Geordnetheit, diese Struktur in der Menge der Ereignisse aus. Die Zeichen des höheren Informationscodierungsniveaus charakterisieren diese Struktur und damit zugleich die Zeichen des niederen Codes in verallgemeinerter, integraler Form. Die Abhängigkeit zwischen den Zeichen des höheren und des niederen Codes sind nicht unmittelbare, direkte Abhängigkeiten, wie das im Fall der starren Determination festgestellt wurde. Sie werden über die Struktur und den Typ der Geordnetheit in der Menge der Zeichen der niederen Codes vermittelt. Im Rahmen dieser Struktur sind die Zeichen des niederen Codes unabhängig, autonom gegenüber den Zeichen des höheren Codes. Die Struktur liefert uns die Umcodierungsregeln. Die Suche nach diesen Regeln erschließt zugleich die Struktur.

Es ist durchaus möglich, daß unsere Ausführungen über die gegenseitigen Wechselwirkungen der verschiedenen Informationscodierungsebenen direkte Beziehung zum Zusammenhang von Physik und Chemie, Chemie und Biologie haben. Die Chemie würde danach eine höhere Ebene der Informationscodierung verkörpern als die Physik, die Biologie eine höhere als die Chemie. Dementsprechend lassen sich den Begriffen der Chemie (Biologie) nicht unmittelbar Begriffe der Physik (Chemie) zuordnen. Dazu bedarf man der Vermittlungen in einem entsprechenden Ordnungsschema. Die Begriffe der höheren Informationscodierungsebene drücken die Existenz und den Charakter der Geordnetheit von Erscheinungen der entsprechenden niederen Ebene aus.

Es wurde schon erwähnt, daß eine vollständige Information über das Forschungsobjekt in jenen Fällen erzielt wird, in denen die Zeichen aller das Objekt charakterisierenden Informationscodierungsebenen benutzt werden. Eine relativ geschlossene Ausdrucksform unserer Kenntnisse über ein Forschungsobjekt stellt eine wissenschaftliche Theorie dar, deren Kern in den entwickeltesten Fällen ein bestimmtes Gleichungssystem verkörpert. Eine Theorie (ihre Grundgesetze und -gleichungen) stellen also wechselseitige Abhängigkeiten zwischen den Charakteristika (Zeichen) verschiedener Codes fest. Dabei liegt in statistischen Theorien der Schwerpunkt auf der Feststellung der wechselseitigen Abhängigkeiten, die zwischen den Zeichen (Größen) auf der oberen Ebene existieren. Wie bereits betont, sind das starre Abhängigkeiten. Es ist verständlich, daß die entsprechenden Gleichungen, die die starren Abhängigkeiten auf dem höheren Niveau abbilden, lediglich integral jene Abhängigkeiten abzubilden vermögen, die zu den Zeichen des niederen Codes gehören. Somit schalten also die zeitgenössischen wissenschaftlichen Theorien den Gedanken einer inneren strukturellen Hierarchie mit ein.

Für das Verständnis der Umcodierungsgesetze muß man unterstreichen, daß die Zeichen sowohl des niederen als auch des höheren Codes zu ein und demselben Objekt gehören. Im Quantenfall etwa sind das dieselben Mikroobjekte. Die Unterschiede der Zeichen verschiedener Codes bestehen darin, daß sie verschiedene Niveaus im Aufbau dieser Objekte abbilden, unterschiedlich tief in ihr Wesen eindringen. Diese Resultate belegen anschaulich, daß das Wesen der Dinge keineswegs eindeutig und starr mit den Erscheinungen verknüpft ist (mit den entsprechenden Erscheinungsformen der Dinge in ihren Wechselwirkungen). Es gibt vielfältige und voneinander unabhängige Erscheinungen, die über eine bestimmte Ordnung in den entsprechenden Mengen der Erscheinungen zum Ausdruck kommen. Analoge Überlegungen behalten offensichtlich bei der Betrachtung weiterer Übergänge vom Wesen erster Ordnung zum Wesen höherer Ordnung ihre Gültigkeit.

Dabei ist nochmals zu unterstreichen, daß in diesem Erkenntnisprozeß das Konzept der starren Determination nicht gänzlich verworfen, sondern lediglich eingeschränkt wird auf die Ebene der Abhängigkeiten zwischen den Zeichen des höheren Codes, der im Prozeß der Analyse der entsprechenden Forschungsobjekte erarbeitet wird. Die Aufdeckung dieser Abhängigkeiten auf den höheren Ebenen führt dazu, daß die Zusammenhänge zwischen den Elementen (Zeichen) des niederen Codierungsniveaus eine relative Unabhängigkeit erlangen, aber gleichzeitig im Rahmen der Gesamtheit abgestimmt sind.

Beim Übergang zur neuen, höheren Codierungsebene beginnt man häufig mit der einfachen Beschreibung der entsprechenden Charakteristika. Die notwendigen mathematischen Formen sind dann noch schwach entwickelt. Eine solche Situation kann man auch bei den gegenwärtigen Anwendungen der Wahrscheinlichkeitstheorie für komplexere Objekte beobachten, insbesondere in der Biologie und der Soziologie. Dort haben die entsprechenden Charakteristika (Zeichen) des höheren Codes noch nicht immer die strengen mathematischen Ausdrücke. Sie stellen häufig verbale Beschreibungen dar.

Obwohl Vollständigkeit der theoretischen Beschreibung eines Forschungsobjektes erst erreicht wird, wenn man die Begriffe aller Ebenen einschaltet, erlangen in praktischen Untersuchungen die Begriffe des höheren Codes eine zentrale Bedeutung. Oft beschränkt man sich auch auf diese allein. Als Berechtigung für ein solches Vorgehen kann angeführt werden, daß die Kenntnis des höheren Codes die wesentlichen Eigenschaften der Forschungsobjekte bestimmt. Im Falle von Wahrscheinlichkeitsverteilungen charakterisieren die Zeichen des höheren Codes vollständig und eindeutig den Typ der Verteilung und in der Quantenmechanik die Form der Wellenfunktion. Damit wird eine Möglichkeit eröffnet, die Verteilungen direkt zu charakterisieren. Auf dieser Grundlage vermag man dann die Besonderheiten, die Spezifik dieser oder jener konkreten Verteilung insgesamt zu bestimmen. Dazu muß man die verschiedenen Verteilungen miteinander vergleichen.

Dabei handelt es sich um die Möglichkeit, Verteilungen und deren Gesetzmäßigkeiten (Veränderungen in der Zeit und Zusammenhänge mit anderen Verteilungen der gleichen Ordnung) unabhängig von der Beobachtung und deren Auswertung, ohne direkte Analyse der zufälligen (im wahrscheinlichkeitstheoretischen Sinne) Ereignisse zu bestimmen. Das eröffnet neue Wege zur Analyse der Ursachen für die Stabilität der relativen Häufigkeiten von Wahrscheinlichkeitsereignissen.

Mit den Ausführungen dieses Kapitels werden unseres Erachtens Möglichkeiten aufgezeigt, die Rolle und die Bedeutung der Wahrscheinlichkeitstheorie für die Wissenschaft unserer Tage noch tiefer zu erschließen. Jener Fakt, daß die Methoden der Wahrscheinlichkeitstheorie strenge theoretische Mittel in die Hand geben, Gesetzmäßigkeiten von Objekten zu erforschen, die über zwei voneinander abgehobene, relativ autonome Ebenen in ihrem Aufbau und ihrer Organisation verfügen, macht vor allen Dingen das Geheimnis des Erfolges des Wahrscheinlichkeitskonzepts bei der Erforschung der realen Welt aus. Der Apparat der Wahrscheinlichkeitstheorie ermöglicht es, Begriffe zu einem Ganzen zu vereinigen, die außerordentlich unterschiedlicher Natur sind, die über verschiedene Abstraktionsstufen und Allgemeinheitsgrade verfügen. Damit gelingt es im Rahmen einer einheitlichen Theorie, die Durchdringung zweier verschiedener Determinationstypen materieller Systeme, die Autonomie der Elemente und die Harmonie des Ganzen miteinander zu vereinen.

5.2. Die Synthese von Wahrscheinlichkeitssystemen (klassische Physik)

In den System- und Strukturuntersuchungen nimmt die Synthese der Elemente zu einem ganzheitlichen System zweifelsohne einen zentralen Platz ein. Die Lösung dieses Problems geht von den Strukturuntersuchungen der entsprechenden Systeme und ihrer Modellierung aus. In komplexen Systemen schließt diese Synthese die Anerkennung einer wesentlichen Autonomie (Unabhängigkeit) der Elemente mit ein.

Aus den Ausführungen des vorangegangenen Kapitels folgt, daß die Synthese der Elemente zu einem System unter der Berücksichtigung der Autonomie dieser Elemente die Existenz verschiedener Niveaus der inneren Organisation der Elemente und Systeme voraussetzt. Dementsprechend zerfallen die Charakteristika von Elementen und Systemen in ihrer Allgemeinheit in verschiedene, relativ unabhängige Klassen. Die Ganzheit der Systeme wird über die hinreichend starren Zusammenhänge in dem Tiefenniveau, zwischen den Charakteristika des höheren Codes realisiert.

Gewöhnliche Wahrscheinlichkeitssysteme sind ein erstes und daher einfaches Beispiel für komplexe Systeme. Hier kann man noch nicht von Zielorientierung in der Funktion sprechen. Aber die Unabhängigkeit als Voraussetzung der Autonomie spielt bereits eine wesentliche Rolle. Die Synthese in derartigen Wahrscheinlichkeitssystemen geht auf die Trennung ihrer Charakteristika in zwei Klassen zurück. Vom theoretischen Standpunkt handelt es sich dabei um die Zufallsgrößen und die Parameter für Verteilungen. Die Wahrscheinlichkeitstheorie als mathematische Theorie allerdings liefert lediglich die abstrakte Struktur dieser Systeme. Die Untersuchung realer Wahrscheinlichkeitssysteme, die Ausarbeitung der entsprechenden naturwissenschaftlichen Theorien setzt notwendigerweise auch die Entwicklung einschlägiger naturwissenschaftlicher Ideen und Vorstellungen voraus. Mehr noch, die Ausarbeitung derartiger Ideen und Vorstellungen bestimmt selbst die Auswahl und die Entwicklung der entsprechenden Gebiete der Mathematik.

Die Erarbeitung naturwissenschaftlicher Theorien stützt sich nicht nur auf die Mathematik, sondern auch auf das Experiment, auf die Intuition und bestimmte allgemeine Vorstellungen über die strukturelle Organisation der Welt und der Erkenntnis. Die Erfahrung bei der Erforschung realer Systeme zeigt, daß es neben der Teilung der Begriffe in Klassen nach ihrer Allgemeinheit auch eine Teilung der Charakteristika in solche gibt, die für das Gesamtsystem gelten, und solche, die für die Elemente gelten. Dementsprechend setzt die Erkenntnis von Systemen die Erkenntnis von Systemeigenschaften, von Elementeigenschaften und von deren Verknüpfungen voraus. Auf der

Grundlage der Anwendungen der Wahrscheinlichkeitstheorie in der Physik ist eine derartige Synthese des Makro- und des Mikrokonzepts zur Erforschung komplizierter Systeme verwirklicht.

Das Wahrscheinlichkeitskonzept fand bei der Ausarbeitung der klassischen statistischen Physik seinen Zugang zur Physik. In der statistischen Physik werden makroskopische Körper untersucht, die aus einer Vielzahl von Teilchen bestehen, d. h., die Makrokörper bilden bestimmte materielle Systeme. Wesentliche Erkenntnisse wurden vor allem bei der Untersuchung von Gasen u. ä. Systemen erzielt. Bei den Untersuchungen von Flüssigkeiten und Festkörpern haben die statistischen Methoden erst vor noch gar nicht so langer Zeit eine herausragende Bedeutung erlangt. Die Gase waren die ersten materiellen Systeme, bei deren Erkenntnis die Wahrscheinlichkeitsideen und -methoden ihre Kraft in den Naturwissenschaften zeigen konnten.

Historisch ging der Erarbeitung der statistischen Gastheorie einerseits die Schaffung der Grundlagen der Thermodynamik voraus und andererseits die Erarbeitung der Theorie mechanischer Bewegung einfacher Objekte der klassischen Mechanik. Die Entwicklung des Atomismus setzte in der makroskopischen thermodynamischen Theorie der Gase die Frage nach einer spezifischen Vereinigung makroskopischer Gesetze mit den Gesetzen der mechanischen Bewegung der einzelnen Atome auf die Tagesordnung. Zur Realisierung einer solchen Synthese benötigte man die Gesetze der Wahrscheinlichkeitstheorie. Damit wurde das Wahrscheinlichkeitskonzept zu jenem Programm, das erstmalig auf strenger mathematischer Grundlage zwei grundlegende und voneinander unabhängige Forschungsrichtungen der Systemuntersuchungen zu vereinigen gestattete. Das ist einerseits die Forschungsrichtung, die von den Systemeigenschaften zu den Elementeigenschaften kommt, und das ist andererseits die Forschungsrichtung, die umgekehrt von den Elementeigenschaften zu den Systemeigenschaften kommt.

Um zum Verständnis der Verteilungen als Strukturcharakteristika materieller Systeme in der statistischen Physik vorzudringen, kommt es darauf an, von Arbeiten auszugehen, die der mathematisch strengen Begründung der statistischen Physik gewidmet sind. Eine derartige Begründung wird immer auf der Grundlage eines tieferen Eindringens in die fundamentalen Gedanken dieser Theorie aufbauen. Nur wenn man diese Begründungen berücksichtigt, kann man hoffen, zu interessanten Ergebnissen bei der philosophischen Reflexion über solche Systeme zu kommen.

Wir werden hier auf die Arbeiten A. J. CHINČINS zurückgreifen.[1]) Ohne in Einzelheiten einzudringen, sei angemerkt, daß in diesen Arbeiten der sogenannten Strukturfunktion eines Systems große Aufmerksamkeit geschenkt wird. Diese Funktion hängt im allgemeinen Falle von zwei Größenarten ab. Vor allem wird sie durch die Natur der betrachteten Teilchen (Elemente) bestimmt. In Abhängigkeit davon, was für Teilchen wir betrachten, bekommen wir die klassische MAXWELL-BOLTZMANN-Statistik, die symmetrische BOSE-EINSTEIN-Statistik bzw. die antisymmetrische FERMI-DIRAC-Statistik. Die Strukturfunktion hängt außerdem (im allgemeinen Falle) noch von der Energie, der Teilchenzahl und dem Volumen des Systems ab. Diese Größen sind Systemgrößen und werden makroskopisch bestimmt. Lediglich die Berücksichtigung dieser zwei Größenarten ermöglicht es, Schlußfolgerungen über die jeweiligen statistischen Systeme zu ziehen.

In den statistischen Theorien kommt den asymptotischen Formeln besonderes Interesse zu, d. h. den Verteilungen unter der Annahme, daß die Teilchenzahl, die Gesamtenergie und das Volumen des Systems gegen Unendlich gehen. Das ist unter der Voraussetzung bestimmter konstanter Beziehungen zwischen der Energie, der Teil-

[1]) A. J. CHINČIN, Mathematische Grundlagen der statistischen Mechanik. Mannheim 1964 u. a.

chenzahl und dem Volumen des Systems möglich. Beispielsweise ist das möglich, wenn die Beziehung von Gesamtenergie und Teilchenzahl zum Volumen konstant bleibt.

Die Systeme von Objekten, deren Untersuchung den Ausgangspunkt zum Aufbau der statistischen Mechanik bildete, verfügen über eine wesentliche Besonderheit. Die Wechselwirkungen zwischen den einzelnen Objekten, die deren Systemzusammenhang bewirken, sind derart geringfügig, daß man sie vernachlässigen kann. Deshalb spricht man davon, daß in der statistischen Physik Systeme nichtwechselwirkender Teilchen (unverbundener „freier" Teilchen) untersucht werden. Das führt zu dem bekannten methodologischen Paradoxon.[1]) Die statistische Mechanik geht von der Annahme aus, daß die Teilchen des Systems ständig miteinander wechselwirken. Im Resultat dieser Wechselwirkungen kommt es zwischen ihnen zum Energieaustausch. Gleichzeitig wird in den meisten Berechnungen zur statistischen Mechanik dieser Energieaustausch zwischen den Teilchen vernachlässigt, d. h., die Energie wird als konstante Größe angesehen. Eine solche Vernachlässigung wird damit begründet, daß die Wechselwirkungen zwischen den Teilchen im Vergleich mit der kinetischen Energie der Teilchen und den Potentialen der äußeren Felder klein sind. Die Allgemeinheit im Verhalten der Teilchen eines Systems wird durch ihre Mikroparameter und ihre äußeren Existenzbedingungen charakterisiert.

Gegenwärtig werden in der Wahrscheinlichkeitstheorie und in der statistischen Physik immer mehr konkrete Typen von Abhängigkeiten erforscht. Das hat in der Wahrscheinlichkeitstheorie zum Konzept der bedingten Wahrscheinlichkeiten, den Markovschen Ketten u. a. geführt. In der Physik ist diese Entwicklung mit der detaillierten Erforschung von Systemen mit vielen Teilchen gekoppelt. Dabei wurden beispielsweise die Vorstellungen von Quasiteilchen entwickelt.

---

[1]) Ebenda.

In der Geschichte der Entwicklung der klassischen statistischen Physik wurden zahlreiche Versuche ihrer Begründung mit Hilfe der klassischen Mechanik unternommen. Es wurde also versucht, die Vielfalt der Fakten der statistischen Physik allein aus der klassischen Mechanik abzuleiten und ein Kriterium der Anwendbarkeit dieser Schlußfolgerungen zu geben. Die einschlägigen Bemühungen stellen Versuche dar, theoretisch alle Charakteristika von statistischen Systemen auf der Grundlage unserer Kenntnisse der Eigenschaften und Gesetzmäßigkeiten im Verhalten der Elemente allein zu bestimmen. Dabei wird — und das ist wesentlich — immer vorausgesetzt, daß alle notwendigen Kenntnisse über die Elemente außerhalb und unabhängig von den jeweiligen Systemen gewonnen werden können.

Diese Versuche zur Begründung der klassischen statistischen Physik finden ihre Rechtfertigung darin, daß die Vorstellungen über die Eigenschaften und Gesetze des Verhaltens von Elementen, von denen man bei ihrer Ausarbeitung ausging, ausnahmslos auf der Grundlage der NEWTONschen Mechanik basierten.

Im Verständnis beliebiger neuer Gesetzmäßigkeiten, einer beliebigen neuen Theorie kommt jenem philosophischen Modell der Welt eine große Bedeutung zu, das die Herausbildung der neuen wissenschaftlichen Richtung begleitet und dieser Entwicklung Impulse verleiht. Historisch kam die Herausbildung statistischer, wahrscheinlichkeitstheoretischer Methoden in der Physik unter der Vorherrschaft mechanischer Überlegungen zustande. In den ersten statistischen Untersuchungen, so unterstrich A. J. CHINČIN, sollten die „ziemlich vagen und etwas zaghaften wahrscheinlichkeitstheoretischen Argumente ... nicht die fundamentale Rolle bilden; sie spielen ungefähr die gleiche Rolle wie die rein mechanischen Überlegungen. Für diese erste Periode sind zwei Züge charakteristisch. Zunächst wurden weitreichende Hypothesen über die Eigenschaften und über die Gesetze der Wechselwirkung zwischen den Teilchen gemacht; normalerweise wurden die Teilchen als elastische Kugeln betrachtet und die Stoßgesetze wesentlich zur Konstruktion der Theorien herangezogen. Sodann erscheinen die Begriffe der Wahrscheinlichkeitstheorie nicht in präziser Form; sie sind oft recht verwirrend, was die mathematischen Argumente der Theorie diskreditiert, weil diese entweder sinnlos oder sogar definitiv falsch sind. Die Grenzwertsätze der Wahrscheinlichkeitstheorie finden hier noch keine Anwendung. Das mathematische Niveau all dieser Untersuchungen ist ziemlich niedrig; wesentliche mathematische Probleme, die in diesem neuen Anwendungsgebiet gefunden wurden, erscheinen bis jetzt noch nicht in präziser Form."[1])

Erst mit der allmählichen Behauptung statistischer Gesetzmäßigkeiten in der Naturwissenschaft wurde immer deutlicher auf das Problem ihrer Begründung aufmerksam gemacht. Es wurden neue Vorstellungen über Systeme entwickelt, deren Eigenschaften nicht auf eine einfache Summe ihrer Teile zurückgeführt werden konnte. Gegenwärtig kann man ziemlich bestimmt feststellen, daß alle Versuche einer mechanischen Begründung der klassischen statistischen Physik gescheitert sind. Da in dieser Theorie die Grundgesetzmäßigkeiten in der Sprache der Wahrscheinlichkeitsverteilungen formuliert werden, bedeutet die Begründung dieser Theorie, aus den Daten der klassischen Mechanik die Wahrscheinlichkeitsverteilungen und die Gesetze ihrer Wechselbeziehungen zu deduzieren. Das aber erwies sich als unlösbares Problem. N. S. Krylov beispielsweise stellte dazu fest: „In einer Theorie, die von der klassischen Mechanik ausgeht, kann die Vorstellung von *Wahrscheinlichkeits*gesetzen der Verteilung, die die Realisierung eines bestimmten makroskopischen Zustands mit *Notwendigkeit* begleiten, d. h. die Vorstellung vom statistischen und insbesondere vom thermodynamischen Gesetz, prinzipiell nicht entstehen.

---

[1]) Ebenda S. 10.

Wenn wir ein beliebig einfaches Verteilungsgesetz der Mikrozustände innerhalb eines gegebenen Bereichs annehmen, so bleibt das Verhältnis dieses Gesetzes zu den Resultaten künftiger Versuche in der klassischen Theorie doch vollständig unbestimmt. Die klassische Theorie vermag kein bestimmtes Verteilungsgesetz der Mikrozustände in den folgenden Versuchen zu garantieren. Die Theorie, die von der klassischen Mechanik ausgeht, ist nicht nur unfähig zu erklären, warum eines dieser Gesetze bevorzugt wird, sie vermag nicht einmal die Existenz eines beliebigen Wahrscheinlichkeitsgesetzes zu erklären. D. h., sie liefert uns nicht einmal die Möglichkeit, die Existenz der Gesetze der Statistik und der Thermodynamik zu verstehen. Diese Gesetze aber werden im Experiment festgestellt. Wir konstatieren die Existenz von Wahrscheinlichkeitsverteilungen in den Ergebnissen unserer Versuche. Folglich muß man die Quelle dieser Gesetze, ihre Erklärung, in anderen von der klassischen Mechanik verschiedenen Prinzipien der Naturbeschreibung suchen."[1])

Dieser Gedanke durchzieht die Arbeiten von N. S. Krylov. Dabei unterstreicht er vor allem, daß die Schlußfolgerung, „‚die klassische Mechanik kann nicht die Grundlage für die Errichtung der statistischen Physik sein' nicht allein bedeutet: Die klassische Mechanik vermag uns nicht alles Notwendige für die Begründung der Statistik zu liefern und muß deshalb mit Elementen des Wahrscheinlichkeitskonzepts ergänzt werden. Eine solche Schlußfolgerung wäre völlig offensichtlich ... und ist gegenwärtig allgemein anerkannt ... Die angeführte Schlußfolgerung bedeutet wesentlich mehr. Bei keiner der logisch möglichen Vereinigungen des Wahrscheinlichkeitskonzepts mit der klassischen Mechanik ist das Ziel der Begründung der physikalischen Statistik zu erreichen. Anders ausgedrückt: *Die klassische Mechanik kann*

[1]) Н. С. Крылов, Работы по обоснованию статистической физики. Москва-Ленинград 1950, стр. 67.

nicht jene Mikromechanik darstellen, auf deren Grundlage die statistische Physik zu errichten ist."[1])

Bei der Betrachtung des Begründungsproblems der statistischen Physik muß man berücksichtigen, daß der allgemeine Charakter der statistischen Gesetzmäßigkeiten nicht von der konkreten Natur der Teilchen des zu erforschenden Systems abhängt. A. J. CHINČIN schreibt dazu: „Der besondere Charakter der in der statistischen Mechanik untersuchten Systeme besteht hauptsächlich darin, daß diese eine sehr große Zahl von Freiheitsgraden besitzen. Dieses bedeutet methodisch, daß der Standpunkt der statistischen Mechanik nicht durch die mechanische Natur der Systeme bestimmt wird, sondern durch den Aufbau der Materie aus Atomen. Man könnte fast sagen, es sei der Zweck der statistischen Mechanik, zu sehen, wie weitreichend die Folgerungen der Hypothese von der statistischen Struktur der Materie sind – wobei man von der Natur der Atome und den Gesetzen ihrer Wechselwirkung absieht."[2])

Die Bedeutung jeder neuen wissenschaftlichen Theorie besteht vor allem in der Erarbeitung neuer allgemeiner Begriffe, die dialektisch jene konkrete Problematik aufheben, die diese neue Theorie erforderlich gemacht hat. Die Entschlüsselung des Allgemeinen erfolgt nicht nur im Vergleich mit dem Besonderen, sondern auch im Vergleich mit anderem Allgemeinen.

Die Fragen der Begründung der statistischen Physik betreffen insbesondere die Erklärung für die Existenz von Verteilungen in statistischen Systemen (vor allem Gase), des Entropiesatzes, der Relaxationsprozesse, der Ergodizität, der Vermischung, der Fluktuationen u. a. Nicht für all diese Probleme liegt bereits eine konkrete Lösung vor. Die bisherigen Erkenntnisse erlauben aber trotzdem die Feststellung, daß die statistischen Systeme

---

1) Ebenda S. 92.

2) A. J. CHINTSCHIN, Mathematische Grundlagen der statistischen Mechanik. Mannheim 1964, S. 16.

nicht vollständig additiv sind. Wenn die Objekte (Elemente) in Systeme eingehen, verändern sie in bestimmten Punkten ihre wesentlichen Charakteristika und werden in gewisser Hinsicht zu anderen Objekten. Damit ist die Additivität der Systeme zerstört. Die wesentlichen Charakteristika eines Objektes innerhalb des Systems oder außerhalb und unabhängig vom System zu erkennen sind zwei voneinander unterschiedene Aufgabenstellungen. Dieser Unterschied hängt damit zusammen, daß mit dem Übergang zu Systembetrachtungen Charakteristika auftreten, die zur zweiten Informationscodierungsebene gehören.

5.3. Die Synthese von Wahrscheinlichkeitssystemen (Quantentheorie)

Die betrachteten Besonderheiten von Wahrscheinlichkeitsverteilungen als Strukturcharakteristika finden in der Quantentheorie einen interessanten Ausdruck. Diese Theorie der Mikroprozesse ist prinzipiell wahrscheinlichkeitstheoretischer Natur. Das Wahrscheinlichkeitskonzept ist darin zum unveräußerlichen Bestandteil geworden. Dabei ist bemerkenswert, daß in der Quantenphysik die wahrscheinlichkeitstheoretischen Methoden vor allem für die Erkenntnis von Eigenschaften und Gesetzmäßigkeiten individueller Quantenteilchen benutzt werden. Im Lichte der Ausführungen über die Verteilungen kann man diese Besonderheit gut verstehen. Die Verteilungen werden in erheblichem Maße von den inneren Eigenschaften der entsprechenden Teilchen bestimmt. Folglich lassen sich auf der Grundlage von Verteilungen die Eigenschaften einzelner Teilchen erforschen.

In der Quantenphysik werden, wie bereits ausgeführt, die Zustände der Mikroteilchen in der Sprache der Wellenfunktionen charakterisiert. Das Quadrat des Moduls der Wellenfunktion in einer bestimmten Darstellung determiniert die Wahrscheinlichkeit der entsprechenden physikalischen Größe. Die Wellenfunktionen haben die Möglichkeit geschaffen, in entsprechenden Gleichungen solche innere Eigenschaften von Mikroobjekten wie den Welle-Teilchen-Dualismus, Spin und Strangeness zu bestimmen. Diese Eigenschaften der Objekte charakterisieren ihren Aufbau am tiefsten und verkörpern die zweite, höhere Informationscodierungsebene in den Systemen.

Um die Abhängigkeit der Wellenfunktionen von den Charakteristika und Eigenschaften der individuellen Mikroobjekte zu erkennen, genügt es, die entsprechende Bewegungsgleichung zu betrachten. Wir wissen aber auch, daß Verteilungen als Strukturcharakteristika von Wahrscheinlichkeitssystemen (statistischen Systemen) Parameter beinhalten, die das System in seiner Gesamtheit charakterisieren (integrale oder globale bzw. Ganzheitsparameter genannt). Deshalb ist es nur natürlich anzunehmen, daß auch die Wellenfunktionen als Zustandscharakteristika von Mikroobjekten Abhängigkeiten von entsprechenden integralen Parametern enthalten. Wenn wir allerdings diese Parameter unter den physikalischen Größen suchen, die in die Bewegungsgleichungen der Mikroobjekte und in die analytischen Ausdrücke für die entsprechenden Wellenfunktionen eingehen, so finden wir derartige Größen nicht ohne weiteres.

Um mit diesem Problem fertig zu werden, müssen wir die sogenannten natürlichen Randbedingungen für die Wellenfunktionen und die Bedingungen analysieren, unter denen statistische Kollektive in der Quantenphysik zustande kommen.

Zu den natürlichen Randbedingungen für Wellenfunktionen gehören deren Normierbarkeit (die Integrierbarkeit des Quadrates des Absolutbetrages der Wellenfunktion für diskrete Energieniveaus), Endlichkeit, Eindeutigkeit und Stetigkeit im gesamten Raum. Diese Bedingungen müssen unbedingt erfüllt sein, um den Apparat der Quantentheorie anwenden zu können. Methodologisch ist die Frage wichtig, worin der physikalische Sinn derartiger mathematischer Forderungen an die Wellenfunktionen liegt. Dazu stellte L. I. MANDEL'ŠTAM fest: „Der Anstoß zur Entwicklung jener Theorie, die wir heute Wellenmechanik nennen, ging von PLANCK aus. Die wesentliche Feststellung PLANCKS, die radikal mit den Prinzipien der Klassik brach, war die Feststellung, daß die möglichen Energieniveaus eines Oszillators diskret sind. Die beispielhafte Entwicklung der PLANCKschen Gedanken führte BOHR zu einer Vorstellung vom Atom, in der die Feststellung diskreter energetischer Atomzustände wiederum von besonderer Bedeutung war ...

Mir scheint, daß es nicht falsch ist zu sagen: Sowohl DE BROGLIE als auch SCHRÖDINGER haben in erster Linie einen mathematischen Apparat gesucht ... in dem zwanglos diese diskreten Werte zu erhalten waren ...

Bei der Suche danach spielte zweifelsohne der Umstand die entscheidende Rolle, daß es in der klassischen Physik einen derartigen Apparat gab. Das sind die sogenannten Eigenwertprobleme, d. h. Wellengleichungen mit Randbedingungen. Mit ihnen wurden Eigenwertprobleme für Schwingungen von Saiten u. a. gelöst ...

Für Randwertaufgaben ist die Festlegung ganzer Zahlen typisch, die die Existenz von Lösungen garantieren. Das was SCHRÖDINGER gemacht hat, das was er erraten hat, ist in folgendem Sinne bedeutsam. Bei einer Saite werden die ganzen Zahlen nicht durch die Gleichung, sondern durch die Randbedingungen festgelegt. Aber woher soll man diese Randbedingungen für ein Atom bekommen, woran soll man sich dort halten? SCHRÖDINGER machte darauf aufmerksam (die Mathematiker wußten das längst), daß es solche Differentialgleichungen gibt, für die *natürliche* Bedingungen ausreichen, um zu direkten Werten zu kommen. Derartige Bedingungen sind beispielsweise die Integrierbarkeit des Quadrats des Absolutbetrages einer Lösung und die Endlichkeit der Lösung in besonderen Punkten der Gleichung. Auf diesem Weg kam SCHRÖDINGER zu seiner Gleichung."[1])

---

[1]) Л. И. Мандельштам, Лекции по основам квантовой механики. Полн. собр. трудов, т. 5. Москва 1950, стр. 352–353.

Diesen Überlegungen historischen Charakters kommt aber auch in systematischer Hinsicht Bedeutung zu. Randbedingungen sind in der Quantenphysik Charakteristika eines Systems. Sie bestimmen die gesamte Wahrscheinlichkeitsverteilung und sind deshalb integrale Charakteristika außerordentlich allgemeiner Natur. Bei konkreten Aufgaben geht es immer darum, zusätzliche integrale Charakteristika von Quantensystemen zu bestimmen, die in den Termini der Versuchsbedingungen oder den Beziehungen der Zustände von Mikroobjekten zu den Makrobedingungen, zum Beispiel zum Gerät, formuliert werden.

L. I. MANDEL'ŠTAM stellte dazu fest: „Die Wellenmechanik ist eine statistische Theorie. Man kann aber nur dort von Statistik und Wahrscheinlichkeitstheorie sprechen, wo eine bestimmte Gesamtheit von Elementen existiert, auf die sich diese Statistik bezieht. In der Wellenmechanik ist dies die Gesamtheit der wiederholten Versuche (jeder individuelle Versuch ist ein Element dieser Gesamtheit), wobei die Wiederholung unter ein und denselben Bedingungen vor sich gehen muß ... Die Wellenmechanik behauptet, *daß es zur Bestimmung eines mikromechanischen Kollektivs, auf das sich die ψ-Funktion bezieht, genügt, makroskopische Parameter anzugeben.*“[1])

Es existieren bekanntlich verschiedene Interpretationen des Wahrscheinlichkeitscharakters der Wellenfunktion. Ungeachtet dessen kann man aber feststellen, daß die Anerkennung der Abhängigkeit dieser Zustandscharakteristik der Mikroobjekte von den Makrobedingungen (von den Bedingungen, die klassisch bestimmt werden) zu den wesentlichen Bestimmungsstücken der Interpretation der Quantentheorie gehört. Das bedeutet, daß die Wellenfunktionen der Mikroteilchen integrale Ganzheitscharakteristika dieser Objekte einschließen, die durch Makroparameter gegeben werden. Darauf hat V. A. FOK immer wieder aufmerksam gemacht, wenn er davon sprach, daß

---

[1]) Ebenda S. 355–356.

es unmöglich sei, bei der Erforschung atomarer Objekte von den Beobachtungsmitteln (den Meßgeräten) abzusehen.[1])

Wie auch im Falle der klassischen statistischen Physik ist diese Feststellung mit der Wahrscheinlichkeitsdefinition verbunden, die von einer Reihe unabhängiger Versuche ausgeht und die Bedingungen fixiert, unter denen die Wahrscheinlichkeit festgestellt werden soll. Diese Bedingungen sind die Charakteristika der entsprechenden Gesamtheiten (Reihen) von Versuchen. In der Quantenphysik werden sie über die Makrocharakteristika der entsprechenden Kollektive bestimmt.

5.4. *Das Objekt als Element statistischer Systeme*

Wie bereits erwähnt, ging die klassische statistische Mechanik von den in der klassischen Mechanik erarbeiteten Vorstellungen über einzelne Objekte aus, die als materielle geometrische Punkte angesehen wurden. Die klassische Mechanik interessierte sich also überhaupt nicht für die innere Struktur der Ausgangsobjekte. In der statistischen Physik war ein solches Vorgehen nicht mehr ausreichend. Es kam zur Entwicklung von Vorstellungen über innere Kräfte der Objekte, die der klassischen Mechanik völlig unbekannt waren.

Die theoretisch neuen Charakteristika der Objekte wurden auf der Grundlage wahrscheinlichkeitstheoretischer Forschungsmethoden eingeführt. Es kam zur Entwicklung der Streuungstheorie. Aus Streuungsversuchen von Teilchen hatte E. Rutherford 1911 sein Atomkernmodell entwickelt. Die Untersuchung der Streuung von Elektronen mit großer Energie an Nukleonen führte später zur Erforschung der elektromagnetischen Struktur von Nukleonen. Die Entwicklung dieser Ideen gipfelte

---

[1]) V. A. Fock, Über die Deutung der Quantenmechanik. In: Max-Planck-Festschrift. Berlin 1958, S. 183/184.

in der sogenannten S-Matrix Theorie, die eine der wichtigsten (halbempirischen) Methoden der modernen theoretischen Physik darstellt.

Statistische Forschungsmethoden zur Erforschung von Systemen setzen also auch Forschungsmethoden für die Einzelobjekte, für die Elemente des Systems voraus. In der Quantentheorie ging man mit den Methoden der Wahrscheinlichkeitstheorie sofort zur Erforschung der Mikroobjekte über. Das führte zu Erfolgen bei der Erkenntnis innerer Eigenschaften von Mikroteilchen. Bei der Erforschung von bisher nicht untersuchten Gebieten der Wirklichkeit gibt es keinerlei Notwendigkeit, alle Schritte des vorangegangenen Erkenntnisprozesses nachzuvollziehen. Sobald die Systemmethoden genügend ausgearbeitet vorliegen, sind sie bei entsprechender Sorgfalt auch für die Analyse von Bereichen der Wirklichkeit einsetzbar, mit denen Neuland in der Forschung betreten wird.

Der Übergang zur Erforschung von Objekten als Elemente von Systemen verändert auch die entsprechenden Zustandscharakteristika. Der Zustand von Elementen eines Systems wird durch Strukturcharakteristika bestimmt. Darin liegt vor allem der Sinn und die Bedeutung der Wellenfunktionen. Sie bestimmen den Zustand und die Wechselwirkung von Mikroobjekten. Über die Erschließung jener Strukturen, an deren Bildung die einzelnen Objekte beteiligt sind, kommt es zur Zustandscharakteristik, für die die Wahrscheinlichkeitsmethoden zunehmend an Bedeutung gewinnen.

Wir haben bereits darauf verwiesen, daß komplexe Systeme durch Parameter charakterisiert werden, die verschiedenen Informationscodierungsebenen angehören. Dabei wäre es nicht richtig, die Parameter des niederen Niveaus nur mit der Abbildung von Eigenschaften der Elemente zu verbinden und die Zeichen des höheren Codes lediglich mit den Eigenschaften des Gesamtsystems in Beziehung zu setzen. Zu den verschiedenen Ebenen gehören auch Parameter, die unmittelbar den einzelnen Objekten zukommen. Es ist natürlich, daß man bei der Charakteristik dieser Objekte, wie überhaupt bei den theoretischen Bestimmungen der Naturwissenschaft, die Hauptbedeutung den Parametern der höheren Ebene der Informationscodierung zumißt, die das Wesen dieser Objekte tiefer ausdrückt. Das bedeutet, daß man bei der Charakteristik und der Bestimmung der Elementarteilchen die entscheidende Bedeutung den sogenannten neuen Quantenzahlen zuerkennt. Diese Größen bestimmen in Abhängigkeit von ihrem Zahlenwert außerordentlich streng und eindeutig den Typ der Elementarteilchen. Auf der Grundlage vor allem dieser Charakteristik können die einzelnen Teilchen im Experiment überhaupt erst identifiziert werden.

Da die Parameter (Zeichen) des höheren Codes lediglich integral mit den Parametern des niederen Codes zusammenhängen, kann man die Bestimmung eines Objektes nicht eindeutig mit festen Werten der Parameter des niederen Codes verbinden. Eine solche Bestimmung enthält vielmehr sämtliche Möglichkeiten für die Parameter des niederen Codes. Da Vollständigkeit der Information über ein Objekt nur erreicht wird, wenn man die Zeichen aller Codes benutzt, die in der Theorie des Objekts vorkommen, kann eine Bestimmung des Objekts auf der Grundlage der Parameter des höheren Codes die niederen nur in sehr allgemeiner Form mitenthalten. Deshalb wird in der Quantentheorie zunehmend die Vorstellung über die potentiellen Möglichkeiten benutzt, um die Quantenobjekte selbst zu bestimmen. Wenn man versucht, ein Objekt, für das verschiedene Codierungsebenen existieren, auf der niederen Ebene allein zu bestimmen, entstehen also große Schwierigkeiten. Diese Schwierigkeiten können dazu führen, daß man sogar die Lösung des philosophischen Realitätsproblems für die jeweilige Wissenschaft in Zweifel zieht. So stellte beispielsweise W. Heisenberg fest: „In den Experimenten über Atomvorgänge haben wir mit Dingen und Tatsachen zu tun, mit Erscheinungen, die ebenso wirklich sind wie irgendwelche Erscheinungen im täglichen Leben. Aber die Atome oder die Elementarteilchen sind nicht ebenso wirklich. Sie bilden eher eine Welt von Tendenzen oder Möglichkeiten als eine von Dingen und Tatsachen.“[1])

Die Charakteristika, die verschiedenen Ebenen der Informationscodierung angehören, sind in logischer Hinsicht wesentlich unterschieden. Der niedere Code bildet die Wirklichkeit auf der Ebene der äußeren Erscheinungen ab. Die Benutzung der Sprache des niederen Codes ist also für die Abbildung der Realität ebenfalls unumgänglich. Die höheren Codes bilden die Wirklichkeit auf der Ebene des Wesens verschiedener Ordnungen ab. Die Sprache der höheren Codes ist abstrakter und inhaltsreicher. Wenn wir auf dieser Ebene verbleiben, bilden wir die innere Konstruktion der Wirklichkeit ab. Es ist aber völlig falsch, wenn die positivistische Philosophie behauptet, daß die Zeichen des höheren Codes keinerlei ontologischen Sinn mehr tragen, der allein den Zeichen des niederen Codes zukommt. Die Zeichen aller Codes verfügen über ontologischen Sinn und werden jeweils für die Abbildung bestimmter Ebenen der Materiestruktur benutzt. Davon muß man ausgehen, wenn man nicht in das Schattenreich aus Platons Höhlengleichnis versinken will.

Das Neue, was durch die Wahrscheinlichkeitsmethoden bei der Bestimmung von Objekten ins Spiel gebracht wurde, kann zusammenfassend so ausgedrückt werden: Wenn wir früher bei der Bestimmung eines Objekts von dessen potentiellen Möglichkeiten abgesehen haben, ist es heute unabdingbar, das Möglichkeitsfeld in die Bestimmung eines Objektes mit einzubeziehen. Dazu ist es erforderlich, die Möglichkeiten in einer bestimmten Weise zu ordnen. Dem sind die Wahrscheinlichkeitsmethoden gewidmet.

Die Untersuchung von Objekten als Systemelemente führt also zur Notwendigkeit ihrer Bestimmung über Strukturcharakteristika der entsprechenden Systeme und schließt die Definition des jeweiligen Möglichkeitsfeldes ein.

---

[1]) W. Heisenberg, Physik und Philosophie. Frankfurt/M 1959, S. 156.

5.5. Die Einführung von Verteilungen

Die Natur einer Wahrscheinlichkeitsverteilung hängt von jenen empirischen Grundlagen ab, die mit ihrer Einführung verbunden sind. Da die Verteilungen Charakteristika von Zufallsgrößen darstellen, werden sie vor allem aus der unmittelbaren Auswertung von empirischen Daten in Massenerscheinungen gewonnen. Dabei ist es entweder infolge der großen Anzahl der Elemente oder infolge der Tatsache, daß die Berücksichtigung weiterer Elemente zu keinen wesentlichen Verschiebungen des Resultats führt, nicht erforderlich, alle Elemente zu registrieren. Es sind spezielle Auswahlmethoden für statistische Gesamtheiten geschaffen worden, die die Erforschung von Systemen auf der Grundlage einer relativ kleinen Datenmenge ermöglichen. Damit die entsprechende Auswahl das zu erforschende System hinreichend genau repräsentiert, muß sie spezielle Bedingungen erfüllen. Derartige Auswahlmethoden liegen der Gütekontrolle zugrunde. Sie werden auch benutzt, um die Zuverlässigkeit physikalischer Geräte u. a. zu überwachen.

Ungeachtet der Bedeutung statistischer Auswertungen eines großen Datenmaterials bei der Einführung von Wahrscheinlichkeitsverteilungen auf empirischer Grundlage, werden in den Naturwissenschaften die Ausgangsverteilungen in den bedeutsamsten Fällen auf andere Weise eingeführt.[1]) Praktisch beginnt man mit der Auswertung eines großen Datenmaterials für die Bestimmung entsprechender Verteilungen lediglich bei den ersten Anwendungen der Wahrscheinlichkeitstheorie in einem neuen Bereich der Naturerscheinungen. Aber selbst dabei trifft man auf große Schwierigkeiten. Um eine Verteilung einer Zufallsgröße streng einzuführen und faktisch die Konstanz der relativen Häufigkeit mit einer Genauigkeit

[1]) А. Н. Колмогоров. Теория вероятностей. В: Математика, ее содержание, методы и значсние. т. II. Москва 1956.

bis auf eine kleine Größe ε anzugeben, sind Serien mit $n = \frac{1}{\varepsilon^2}$ erforderlich.

Bei der Erforschung von Naturprozessen werden die Wahrscheinlichkeitsverteilungen häufig hypothetisch eingeführt. Die Wahrscheinlichkeitshypothese wird in statistischen Theorien gewöhnlich auf der Grundlage von Symmetrieüberlegungen, von Annahmen über die Gleichmöglichkeit der Fälle, von Überlegungen zur praktischen Unabhängigkeit einzelner Ereignisreihen u. a. formuliert. Die entsprechende Wahrscheinlichkeitshypothese wird dann jeweils indirekt überprüft. Dazu vergleicht man die aus der Theorie gewonnenen Schlußfolgerungen mit den entsprechenden empirischen Daten.

In der Physik wurde bereits in der Theorie der Gase die Vorstellung von den Wahrscheinlichkeitsverteilungen als Hypothese auf der Grundlage der Annahme eines molekularen „Chaos" eingeführt. Die Übereinstimmung der auf der Grundlage statistischer Methoden berechneten physikalischen Makrocharakteristika mit den experimentell ermittelten Daten sprach dann für die Richtigkeit dieser Wahrscheinlichkeitshypothese.

In der Quantentheorie werden die Wahrscheinlichkeitsverteilungen durch Angabe der Wellenfunktionen eingeführt. Wellenfunktionen von Quantensystemen sind im allgemeinen Fall Lösungen der entsprechenden Bewegungsgleichungen. Um eine Wellengleichung eines Quantensystems zu charakterisieren, ist es erforderlich, die Energie dieses Systems (HAMILTON-Operator) anzugeben. Auf der Grundlage der Übereinstimmung der errechneten Charakteristika von Quantensystemen mit den experimentell ermittelten schließt man auch in diesem Bereich auf die Richtigkeit der Wahrscheinlichkeitshypothese.

6. Begründung des Wahrscheinlichkeitskonzepts — Probleme der weiteren Entwicklung

Seitdem das Wahrscheinlichkeitskonzept Zugang zu den Naturwissenschaften gefunden hat, gibt es außerordentlich polemisch geführte philosophische Diskussionen über die entsprechende Begründungsproblematik. Im Mittelpunkt der Aufmerksamkeit steht dabei die Frage nach dem Sinn und der Bedeutung jener Unbestimmtheit, die mit der Wahrscheinlichkeitstheorie in die Mathematik hineingetragen wurde. Wenn man ein einzelnes Zufallsereignis betrachtet, vermag die Wahrscheinlichkeitstheorie lediglich die Wahrscheinlichkeit dafür anzugeben, daß es eintritt. Sie vermag dieses Ereignis also nur in einer prinzipiell nicht eindeutigen Weise zu bestimmen. Betrachtet man die Bewegung eines einzelnen Objekts, vermag die Wahrscheinlichkeitstheorie lediglich die Wahrscheinlichkeit für dieses oder jenes Verhalten anzugeben, nicht aber das „faktische" Verhalten selbst.

Die Wahrscheinlichkeitstheorie bildet also das Verhalten der Objekte nicht auf eindeutige Weise in Wahrscheinlichkeitssystemen ab. Wenn man diesen Fakt festhält, konstatiert man zugleich auch eine Fülle von Problemen. Sind wir beispielsweise berechtigt zuzulassen, daß in die Wissenschaft solche nicht eindeutigen Zusammenhänge hineingetragen werden, die dann zu derartigen Unbestimmtheiten in den Voraussagen führen? Sind wir berechtigt, in den Grundlagen wissenschaftlicher Theorien ein Modell für Massenerscheinungen zuzulassen, in dem die einzelnen elementaren Ereignisse (Elemente, Objekte) sich nicht nur nicht gegenseitig kausal bedingen, sondern gar in keinerlei Abhängigkeit voneinander stehen?

Wir haben diese Frage bereits positiv beantwortet und unsere Antworten begründet. Die Wahrscheinlichkeitstheorie erforscht solche Ereignisgesamtheiten, deren Synthese zu einer Einheit voraussetzt, daß eine gemeinsame tiefe Grundlage und gleichzeitig die Existenz wesentlicher

Unabhängigkeiten (Autonomie) im Rahmen der Ganzheit (Gesamtheit) aufzudecken sind. Damit war die Analyse des Wesens des Wahrscheinlichkeitskonzepts besonders eng mit der Erforschung komplexer Systeme verbunden. Ein solcher Zugang zum Wahrscheinlichkeitskonzept wird sowohl von den gegenwärtigen Vorstellungen über die Struktur wissenschaftlicher Theorien als auch den Vorstellungen über die Struktur der Materie erzwungen. Für die Lösung anstehender erkenntnistheoretischer und methodologischer Fragen ist aber auch die Geschichte des Problems unbedingt mit zu berücksichtigen.

Wir hatten darauf hingewiesen, daß die Diskussionen um die Einführung des Wahrscheinlichkeitskonzepts in der Physik bei der Durchsetzung des Atomismus eng verknüpft waren, mit dem Kampf des Materialismus gegen den Idealismus. Dabei hatten wir das streitbare Eintreten L. BOLTZMANNS für den Atomismus besonders hervorgehoben.

Nachdem direkte Beweise für die Existenz der Atome geliefert waren, verlagerte sich die Diskussion vor allem auf Probleme der Dialektik. Lange Zeit hat man versucht, das Wahrscheinlichkeitskonzept unter dem Einfluß des Schemas der starren Determination zu verstehen. Die Wahrscheinlichkeit führt aber Unbestimmtheiten in die Wissenschaft ein, die der Konzeption starrerDetermination nicht standhalten. Das sprach deshalb zunächst gegen das Wahrscheinlichkeitskonzept. Mit diesem Konzept war man nun nicht mehr in der Lage, eindeutige Voraussagen für beliebige Untersuchungszusammenhänge zu liefern. Deshalb entstand die Vorstellung von der Unvollständigkeit statistischer Theorien und vom zeitweiligen Charakter solcher Hilfsmittel der theoretischen Forschung.

Die Grundlagen wahrscheinlichkeitstheoretischer und statistischer Gesetzmäßigkeiten bloßzulegen, gelingt vollständig bekanntlich erst im Rahmen der dialektischen Methodologie. In diesem Zusammenhang kam der philosophischen Analyse der Kategorien Notwendigkeit und Zufall sowie nach der Entwicklung der Quantenmechanik dann der Analyse der Kategorien potentielle Möglichkeit und Wirklichkeit außerordentliche Bedeutung zu. Der Prozeß des immer tieferen Eindringens in die philosophische Problematik des Wahrscheinlichkeitskonzepts hat vor allen Dingen dazu geführt, die Basis dieses Konzepts so zu erweitern, daß sie nicht mehr an die viel zu engen Vorstellungen von der starren Determination gebunden ist. Bei der Suche einer breiteren Basis ist es allerdings nicht immer gelungen, sich vom Boden des mechanischen Materialismus genügend weit zu erheben. Es kam hin und wieder dazu, daß die gesetzmäßigen Zusammenhänge starrer Determination als primär und die der statistischen Determination als sekundär angesehen wurden.

Außerdem wäre es verhängnisvoll, wollte man davon ausgehen, daß es gegenwärtig keine Probleme mehr bei der Begründung des Wahrscheinlichkeitskonzepts gibt. Mit der Ausarbeitung neuer fundamentaler theoretischer Vorstellungen und der Entwicklung der Wahrscheinlichkeitstheorie entstehen immer wieder neue Probleme. Die Lösungen einer Reihe von Fragen müssen ergänzt bzw. teilweise modifiziert werden.

6.1. Präzisierungen der Kategorie Zufall und die Begründung des Wahrscheinlichkeitskonzepts

Bereits bei der Analyse der Spezifik wahrscheinlichkeitstheoretischer Methoden in der klassischen Physik bediente man sich der philosophischen Kategorie Zufall und untersuchte vor allem die Geschichte der Entstehung wahrscheinlichkeitstheoretisch-statistischer Methoden in der Physik.

Der Ausgangspunkt dieser Entwicklung lag bekanntlich bei der Untersuchung von Wärmeerscheinungen, vor allem in Gasen. Dabei bediente man sich in prinzipieller Weise der seit langem von Boyle, Newton, Bernoulli, Lomonossov u. a. benutzten Atomvorstellung. Von entscheidender Bedeutung für die neue Qualität der atomistischen Vorstellungen in der physikalischen Theorie wurden die Arbeiten von CLAUSIUS, MAXWELL, BOLTZMANN und GIBBS. Als R. CLAUSIUS die kinetische Theorie der Gase ausarbeitete, Gas als ein System, bestehend aus einer Vielzahl von Teilchen betrachtete, verstand er faktisch, daß zur Erforschung derartiger Systeme neue Methoden benötigt wurden. Davon zeugen die von ihm eingeführten Mittelwerte bei der Zustandscharakteristik für die Bewegung von Gasmolekülen. Das gab die Möglichkeit, von der Systemmechanik zur Erforschung des physikalischen Zustands von Systemen überzugehen, die aus einer großen Zahl von Molekülen gebildet werden. MAXWELL sah das wesentliche Verdienst von CLAUSIUS darin, daß er ein neues Gebiet der mathematischen Physik begründete, indem er zeigte, wie man ein System unzähliger, sich bewegender Moleküle mathematisch erfassen kann.[1]) J. C. MAXWELL selbst war sich klar darüber, daß bei der Ausarbeitung der kinetischen Gastheorie ein Übergang von den streng dynamischen Methoden der Mechanik zu wahrscheinlichkeitstheoretischen Methoden erfolgen mußte. Er ging von Mittelwerten jener Größen, die die Bewegung der Moleküle in Makrosystemen charakterisieren, zu Wahrscheinlichkeitsverteilungen dieser Größen über. Für die Abbildung von Eigenschaften und Gesetzmäßigkeiten materieller Systeme begann man, den Begriff der Wahrscheinlichkeitsverteilungen zu benutzen, der von diesem Zeitpunkt an zum zentralen Begriff in den vielfältigsten Anwendungen der Wahrscheinlichkeitstheorie wurde.

Einen relativ geschlossenen Ausdruck bekam die klassische statistische Physik mit den Arbeiten von L. BOLTZMANN und J. W. GIBBS. In den Arbeiten BOLTZMANNS (vor allem sein berühmtes H-Theorem) hat der 2. Hauptsatz der Thermodynamik eine statistische Inter-

[1]) Дж. Максвелл, Статьи и речи. Москва 1968, стр. 108.

pretation erhalten. Die statistische Mechanik wurde so allgemein formuliert, daß sie zur Erforschung außerordentlich verschiedenartiger physikalischer Systeme gut geeignet war.

Historisch entstand die statistische Physik also als eine Mechanik für eine große Teilchengesamtheit. Dabei wurde auf die direkte Lösung der entsprechenden mechanischen Bewegungsgleichungen verzichtet. Es wurden Mittelwerte für Größen eingeführt, die die Bewegung der Teilchen charakterisieren. Gleichzeitig wurde behauptet, daß die wahrscheinlichkeitstheoretischen Methoden die Folge der notwendigen Vergröberungen und Vereinfachungen in der theoretischen Forschung seien. Dementsprechend entstanden in der statistischen Physik Vorstellungen, daß die Wissenschaft deshalb gezwungen sei, zu den Methoden der Wahrscheinlichkeitstheorie Zuflucht zu nehmen, weil sich eine Reihe komplizierter Aufgaben nicht streng lösen lasse. Damit wurde das Wahrscheinlichkeitskonzept in der Physik zu einem Ausdruck der Unvollständigkeit unseres Wissens.

Eine solche Begründung der wahrscheinlichkeitstheoretischen Methoden wurde dann auch philosophisch noch vertieft, indem man die Spezifik statistischer Systeme mit der Kategorie Zufall verband. Somit war die philosophische Interpretation der wahrscheinlichkeitstheoretischen Methoden also vom Verständnis dieser Kategorie abhängig. In der Periode der Entwicklung der klassischen Physik aber verstand man Zufall ausschließlich als subjektive Charakteristik jener Erscheinungen und Prozesse, deren Ursachen und notwendige Zusammenhänge wir nicht kennen. P. D'HOLBACH schrieb beispielsweise:

„Nichts kann in der Natur zufällig geschehen, alles folgt bestimmten Gesetzen; diese Gesetze sind nur der notwendige Zusammenhang zwischen bestimmten Wirkungen und ihren Ursachen ... Vom zufälligen Zusammentreffen der Atome zu sprechen oder dem Zufall gewisse Wirkungen zuzuschreiben hieße, die Gesetze zu ignorieren, nach denen die Körper aufeinander wirken, zusammenstoßen, sich vereinigen oder sich trennen.“[1])

In Übereinstimmung mit diesen Auffassungen sah man die Grundlage für die Anwendung wahrscheinlichkeitstheoretischer Methoden lediglich in der Unvollständigkeit unseres Wissens. Dort wo die zu erforschenden Prozesse derart kompliziert sind, daß wir nicht imstande sind, den Verknüpfungen aller Ursachen nachzugehen, werden wir uns deshalb der wahrscheinlichkeitstheoretischen Methoden bedienen. Diesen Methoden wurde aber lediglich eine vorübergehende Berechtigung zugebilligt; sie wurden als unvollkommen angesehen. Mit den weiteren Anwendungen der entsprechenden Methoden allerdings wurde, vor allen Dingen in der Physik, die objektive Grundlage und die Spezifik dieser Methoden immer offenkundiger. M. Smoluchowski beispielsweise schrieb:

„Offenbar sind also, soweit die Anwendung in der theoretischen Physik in Betracht kommt, *alle Wahrscheinlichkeitstheorien* von vornherein als *ungenügend* zu betrachten, *welche den Zufall als „unbekannte Teilursache“ auffassen. Die physikalische Wahrscheinlichkeit eines Ereignisses kann nur von den Bedingungen abhängen, welche sein Zustandekommen beeinflussen, aber nicht von dem Grade unseres Wissens*!“[2])

Wie unvollkommen die Vorstellung ist, daß die Anwendung der Wahrscheinlichkeitstheorie in der Wissenschaft vor allem der Unvollständigkeit unseres Wissens geschuldet ist, wird heute in der einschlägigen Literatur ausreichend begründet.[3])

Die Kopplung des Wahrscheinlichkeitskonzepts an die Kategorie Zufall blieb erhalten. Mit dieser philosophischen Kategorie wird die Spezifik der wahrscheinlichkeitstheoretischen Methoden und der entsprechenden naturwissen-

---

[1]) P. Th. d'Holbach, Le bon sens ou Les idées naturelles opposée aux idées surnaturelles. Loudres 1774, S. 38.

[2]) M. Smoluchowski. Die Naturwissenschaften. 6 (1918) H. 17, S. 253.

[3]) М. Э. Омельяновский. Диалектика в современной физике. Москва 1973, стр. 142 сл.

schaftlichen Theorien erschlossen. Das läßt sich für praktisch alle Anwendungen dieser Methoden realisieren. Die einzige Ausnahme stellt die Quantenmechanik dar. Für sie ist gezeigt worden, daß ein solches Vorgehen unzureichend ist. Im Verständnis der Kategorie Zufall gibt es aber nach wie vor eine Reihe von Unklarheiten und Unzulänglichkeiten, die sowohl im Interesse der weiteren Entwicklung der Theorie der materialistischen Dialektik als auch der erfolgreichen Anwendung wahrscheinlichkeitstheoretischer Methoden in den Einzelwissenschaften unbedingt zu beseitigen sind.

In der sowjetischen philosophischen Literatur hat sich die Auffassung durchgesetzt, daß die Kategorie Zufall vor allem eine bestimmte Klasse, einen bestimmten Typ von Zusammenhängen in der materiellen Welt charakterisiert. Dabei liegt der wesentliche Sinn und zugleich die wesentliche Schwierigkeit darin, die Besonderheiten dieser Klasse von Zusammenhängen zu bestimmen. In der „Philosophischen Enzyklopädie“ liest man dazu: Zufälligkeit — „ein Zusammenhangstyp, der von äußeren, für die gegebene Erscheinung bzw. den Prozeß nebensächlichen Ursachen bestimmt wird ... Dem dialektisch-materialistischen Verständnis der Zufälligkeit liegt die Analyse des Charakters der Ursachen zugrunde, die diese oder jene Erscheinung hervorbringen. In einem notwendigen Prozeß ist die Ursache in bezug auf diesen Prozeß etwas Inneres, in einem zufälligen Prozeß dagegen etwas Äußeres.“[1]) Daraus ist klar ersichtlich, daß die Spezifik jener Zusammenhänge, die als zufällige bestimmt werden, etwas Äußerliches, etwas Nebensächliches, etwas Zweitrangiges, etwas mit dem inneren Wesen des zu erforschenden Prozesses nicht zu Vereinbarendes darstellt. Die inneren Zusammenhänge, die das Wesen des Prozesses ausmachen, werden demhingegen ausschließlich über die Kategorie Notwendigkeit bestimmt. Ein solcher Zugang zur Bestimmung des Zufalls und seines Verhältnisses zur

---

[1]) Философская Энциклопедия. Москва 1970. т. 5, стр. 33/34.

Notwendigkeit ist außerordentlich weit verbreitet. Er ist charakteristisch für zahlreiche philosophische Lehrbücher und entsprechende wissenschaftliche Artikel.

Diese Auffassung ist aber weitestgehend identisch mit der Vorstellung, daß die Methoden und die Gedanken der Wahrscheinlichkeitstheorie nicht vollwertig sind und folglich nur zeitweilig akzeptiert werden können. Wir haben jedoch mehrfach betont, daß das absolut nicht der Wirklichkeit entspricht. Die Wahrscheinlichkeitstheorie ist aus der modernen Naturwissenschaft nicht mehr eliminierbar.

Worin liegen also vor allem die Mängel der angeführten Bestimmung des Zufallsbegriffs? Ist diese Bestimmung gänzlich falsch? An die Beantwortung dieser Fragen muß man vorsichtig herangehen. Im Zusammenhang mit vielen wissenschaftlichen Resultaten und in der Umgangssprache wird der Zufallsbegriff genau in diesem Sinne gebraucht. Wir wollen deshalb etwas genauer bestimmen, in welchem Sinne wir bereits bei den einfachsten Anwendungen der klassischen statistischen Physik, bei der Analyse der Eigenschaften und Gesetze von Gasen vom Zufall sprechen. Die Vorstellung vom Zufall wird dort benutzt, um die Beziehungen der Moleküle zueinander zu charakterisieren, d. h. also, um die innere Struktur des Gases zu bestimmen. Vorstellungen vom Zufall werden also keineswegs eingeführt, um etwas Äußeres, Nebensächliches, Zweitrangiges zu bestimmen, sondern vielmehr, um das innere Wesen der materiellen Systeme zu charakterisieren. Analoges gilt für andere Anwendungen. Vorstellungen vom Zufall werden also durchaus zur Wesensbestimmung der untersuchten Prozesse benutzt. Beispielsweise benutzt die Genetik den Zufall, um die Wechselbeziehungen zwischen Mutationen in bestimmten Systemen, also die innere Struktur des Mutationsprozesses zu charakterisieren.

Mit der Wissenschaftsentwicklung wird auch unser Verständnis von der Kategorie Zufall bereichert, vertieft und präzisiert. Wie bereits betont, kommt dabei gegenwärtig der Konzeption von den komplizierten selbstregulierenden Systemen entscheidende Bedeutung zu. Für die Präzisierung der Kategorie des Zufalls sind die Überlegungen zur relativen Unabhängigkeit (Autonomie) im Verhalten materieller Systeme und die Vorstellung von den Ebenen in ihrem Aufbau und ihrer Organisation besonders wichtig. Dabei muß man hervorheben, daß das Verständnis des Zufalls aufs engste mit der Interpretation der Rolle und Bedeutung von Wahrscheinlichkeitsverteilungen als Grundbegriff der Wahrscheinlichkeitstheorie und ihrer Anwendungen verbunden ist.

Das Verständnis des Zufalls erfordert vor allem, die Vorstellungen über Unabhängigkeit weiter zu untersuchen. Wechselbeziehungen zwischen Objekten, Ereignissen oder den Elementen einer Menge werden zufällig genannt, wenn direkte, unmittelbare, sich gegenseitig bedingende Zusammenhänge und Kopplungen zwischen den Elementen praktisch nicht vorhanden sind oder keine wesentliche Rolle spielen. Unabhängigkeit heißt, daß der Zustand oder das Verhalten des Forschungsobjekts vom Zustand und dem Verhalten anderer, ihm „verwandter" oder ihn umgebender Objekte weder abhängen noch durch diese bestimmt werden. Zusammenhänge, Kopplungen, die als zufällige bestimmt werden, sind instabil, verändern sich und lassen sich unbedingt variieren. Wie ist aber eine derartige Unabhängigkeit möglich? Wie ist eine solche Unabhängigkeit in einer Welt möglich, in der die Entstehung und die Existenz eines jeden Objekts und einer jeden Erscheinung außerhalb ihrer Wechselwirkung und ihres Zusammenhangs mit der materiellen Umgebung undenkbar sind?

Der Begriff der Unabhängigkeit charakterisiert vor allem Massenerscheinungen bzw. Systeme, die aus einer Vielzahl von Objekten bestehen. Er drückt eine bestimmte Struktur dieser Systeme aus. Diese Massenerscheinungen selbst aber hängen von entsprechenden Existenz- und Entstehungsbedingungen ab. Die Unabhängigkeit hat also lediglich für bestimmte Ganzheitscharakteristika von Systemen Sinn, die die Einheit dieser Systeme ausdrükken. Wenn über die Einheit der betrachteten Systeme gesprochen wird, ist damit faktisch ein neues Niveau ihres Aufbaus und ihrer Organisation charakterisiert. Die Berücksichtigung der Unabhängigkeit und der Konzeption von den verschiedenen Ebenen weist auf die tiefe Dialektik der Kategorie Zufall.

Das dargelegte Verständnis für den Zufallsbegriff stützt sich unmittelbar auf solche wichtigen Begriffe der Wahrscheinlichkeitstheorie wie zufälliges Ereignis und Zufallsgröße. Unabhängig davon läßt sich heute kein adäquates Verständnis der Zufallsproblematik mehr erzielen. Der Zufall charakterisiert die Spezifik von Strukturen jener Mengen, die durch zufällige Ereignisse oder Zufallsgrößen konstituiert werden. Wir hatten betont (4.1), daß das tiefste Verständnis des Begriffs zufälliges Ereignis sich auf Ganzheitscharakteristika stützt, die für eine Gesamtheit von Zufallsereignissen gelten. Analog dazu verfügt auch die Zufallsgröße mit den Wahrscheinlichkeitsverteilungen über eine derartige Ganzheitscharakteristik.

Die behandelte Auffassung der Kategorie Zufall läßt zugleich die Rolle und Bedeutung des Wahrscheinlichkeitskonzepts in der klassischen Physik leichter erschließen. Dazu lenken wir unsere Aufmerksamkeit auf die Hauptaufgabe von statistischen Theorien in der klassischen Physik. Sie besteht darin aufzuzeigen, wie die Veränderung der Systemcharakteristika auf die Elemente wirkt und umgekehrt. Bei der Formulierung dieser Aufgabenstellung wird noch häufig auf die außergewöhnliche Kompliziertheit eines solchen Problems verwiesen. Das ist dann mit der Komplexität des entsprechenden physikalischen Vielteilchensystems begründet. Im Anschluß daran findet man nicht selten Erklärungen, diese Aufgabe sei nicht streng zu lösen und man müsse deshalb Vereinfachungen einführen. Letztlich wird die Hauptaufgabe der statistischen Theorien in einer vergröberten, gemittelten Beschreibung der Eigenschaften und Gesetzmäßigkeiten physikalischer Systeme gesehen. Das, so sagt man dann, sei auf der Grundlage von wahrscheinlichkeitstheoretischen Methoden zu bewältigen.

Selbstverständlich stellt jegliche theoretische Untersuchung von materiellen Prozessen eine Vereinfachung realer Sachverhalte dar. Je komplizierter und komplexer das Forschungsobjekt ist, um so folgenreicher müssen auch die notwendigen Vereinfachungen sein. Trotzdem aber sind es nicht diese Besonderheiten des Erkenntnisprozesses in erster Linie, die die wahrscheinlichkeitstheoretischen Methoden erforderlich machen. Solche Besonderheiten sind für alle Forschungsmethoden charakteristisch. Den wahrscheinlichkeitstheoretischen Methoden kommt nicht nur die Bedeutung zu, „Gerüst" für den Aufbau einer Theorie zu sein. Das drückt sich schließlich auch in den Formulierungen der entsprechenden Aufgabenstellungen der statistischen Physik aus. So hat beispielsweise G. E. UHLENBECK in seinen Arbeiten, die den fundamentalen Problemen der statistischen Physik gewidmet sind, unterstrichen, daß die statistische Mechanik immer die Aufgabe hat, Korrespondenzen zwischen der Mikrowelt und der Makrowelt zu suchen.[1])

Die Kategorie Zufall spielt also für das Verständnis der wahrscheinlichkeitstheoretischen Forschungsmethoden eine außerordentlich bedeutsame Rolle. Dementsprechend kommen den Untersuchungen zur philosophischen Zufallsproblematik auch prinzipielle Bedeutung für unser Verständnis des Wahrscheinlichkeitskonzepts einschließlich seiner zahlreichen Anwendungen zu. Dabei ist die Beziehung der Kategorie des Zufalls zur Kategorie des Wesens und der Struktur von besonderer Wichtigkeit. Die Vorstellungen über den Zufall gehören inzwischen zu den bedeutsamsten Elementen unseres Verständnisses vom Aufbau und von der Entwicklung der materiellen Welt. Das findet seinen Niederschlag bereits darin, daß unmittelbar in die Gesetzeskonzeption Vorstellungen über

[1]) G. E. UHLENBECK, Problems of Statistical Physics. In: The Physicist's Conception of Nature. Dordrecht 1973.

den Zufall eingehen. Die statistischen Gesetze werden auf der Grundlage der Ideen und Methoden der Wahrscheinlichkeitstheorie formuliert.

6.2. *Quantentheorie: Wahrscheinlichkeiten und potentielle Möglichkeiten*

Im Unterschied zur klassischen Physik wurde der prinzipielle Charakter von Wahrscheinlichkeitsvorstellungen in der Quantenphysik praktisch sofort weitestgehend akzeptiert. In der Quantenmechanik wurde die Wahrscheinlichkeit von Anfang an als eine der wichtigsten Grundlagen der Struktur dieser physikalischen Theorie angesehen.

In der philosophisch-methodologischen Analyse der Wahrscheinlichkeit wird der vergleichenden Analyse für die Begründungen des Wahrscheinlichkeitskonzepts in der klassischen und in der Quantenphysik sehr große Aufmerksamkeit gewidmet. Es ist anzunehmen, daß die Entwicklung der Physik, der Übergang von der klassischen Physik zur Quantenphysik das Verständnis für die Grundlagen der Anwendung von wahrscheinlichkeitstheoretischen Methoden vertieft. Weit verbreitet ist der Standpunkt, den JAUCH beispielsweise formuliert hat: „Wahrscheinlichkeiten, die in der klassischen Physik anzutreffen sind, werden so interpretiert, daß sie durch die unvollständige Detaillisierung der zu erforschenden Systeme bedingt sind, was seinerseits durch unser beschränktes Wissen von der detaillierten Struktur und Entwicklung dieser Systeme verursacht ist. Damit sind solche Wahrscheinlichkeiten also *subjektiver* Natur.

In der Quantenmechanik verliert eine derartige Interpretation von Wahrscheinlichkeitsaussagen in jedem Fall ihren Sinn, weil keinerlei Möglichkeit besteht, eine Infrastruktur zu bestimmen, deren Kenntnis die auf der Ebene der Beobachtungen auftauchenden Wahrscheinlichkeiten erklären könnte. Obwohl Theorien mit ‚verborgenen' Parametern' von zahlreichen Physikern untersucht wurden, sind bei diesen Versuchen keinerlei nützliche Resultate erzielt worden. Deshalb nehmen wir hier den gegenteiligen Standpunkt ein, demzufolge die Wahrscheinlichkeiten in der Quantenmechanik fundamentalen Charakter haben, der tief in der objektiven Struktur der realen Welt verwurzelt sein muß. Wir können sie deshalb *objektive* Wahrscheinlichkeiten nennen."[1])

Mit einer derartigen Feststellung wird vor allem der Unterschied in der Begründung der Wahrscheinlichkeitsauffassung für die klassische und die Quantenphysik konstatiert. Intuitiv wird diese Position allgemein geteilt. Versuche allerdings, in das Wesen eines solchen Unterschieds einzudringen, gibt es außerordentlich wenig. Wie den Ausführungen in 6.1 zu entnehmen ist, beurteilt dieser Standpunkt allerdings die Ursachen für die Einführung der Wahrscheinlichkeit in die klassische Physik nicht ganz exakt. Er geht aus von der historisch ursprünglichen, aber inzwischen veralteten Auffassung der Grundaufgabe der klassischen statistischen Physik. Die Behauptung, daß die Wahrscheinlichkeit in der Quantenmechanik objektiven Charakter hat und zutiefst in der Struktur der materiellen Welt verankert sein muß, entspricht dem Grundtenor unserer gesamten Ausführungen und ist von großer heuristischer Bedeutung. Gleichzeitig ist aber hervorzuheben, daß es zum Vergleich der Wahrscheinlichkeitsauffassung in der klassischen und der Quantenphysik außerordentlich widersprüchliche Auffassungen gibt.

R. Feynman und A. Hibbs heben hervor, daß der Wahrscheinlichkeitsbegriff selbst sich in der Quantenmechanik nicht verändert, dafür aber die Verfahren zur Berechnung dieser Wahrscheinlichkeiten.[2]) V. A. Fok

---

[1]) J. M. Jauch, The Quantum probality calculus. Fundamente Sciantiae № 27, Universite Louis Pasteur, Strasbourg 1975, p. 2–3.

[2]) R. P. Feynman, A. R. Hibbs, Quantum Mechanics and Path Integrals. New York 1965, p. 13.

hingegen unterstrich: „Der Wahrscheinlichkeitsbegriff wurde auch in der klassischen Physik verwendet, hatte hier aber einen anderen Sinn. In der klassischen Physik wurden Wahrscheinlichkeiten dann eingeführt, wenn die Ausgangsbedingungen nicht vollständig bekannt waren und über die unbekannten Parameter gemittelt werden mußte ... Einen völlig anderen Charakter haben die Wahrscheinlichkeiten in der Quantenphysik. Dort sind sie dem Wesen nach unumgänglich, und ihre Einführung widerspiegelt nicht die Unvollständigkeit der Bedingungen, sondern die unter den gegebenen Bedingungen objektiven, wesentlichen potentiellen Möglichkeiten."[1]) Dieser Standpunkt wird von M. E. OMEL'JANOVSKIJ entwickelt: „Die Wahrscheinlichkeit in der Quantenmechanik unterscheidet sich grundsätzlich von der Wahrscheinlichkeit in den klassischen Theorien. In diesen drückt die Wahrscheinlichkeit die Existenz zufälliger Umstände aus und geht deshalb nicht unmittelbar in die Gesetze dieser Erscheinungen ein ... In der Quantenmechanik ist das ganz anders. Dort werden Wahrscheinlichkeiten in die Grundgesetze der Natur (SCHRÖDINGER-Gleichung) eingeführt. Das widerspiegelt unter bestimmten Bedingungen objektiv existierende potentielle Möglichkeiten."[2]) Einen außerordentlich radikalen Standpunkt vertritt C. F. v. WEIZSÄCKER, wenn er behauptet, daß die Quantenmechanik nichts anderes als eine allgemeine Wahrscheinlichkeitstheorie sei.[3])

Um die Grundlagen des Wahrscheinlichkeitskonzepts in der Quantenmechanik zu klären, muß man von den Veränderungen in der Aufgabenstellung wissenschaftlicher Forschung ausgehen, die für diese Theorie charakteristisch ist. In der Quantentheorie werden die Wahr-

---

1) W. A. FOCK, Quantenphysik und Struktur der Materie. In: Struktur und Formen der Materie. Berlin 1969, S. 158/159.

2) М. Э. Омельяновский. Диалектика в современной физике. Москва 1973. стр. 120.

3) C. F. VON WEIZSÄCKER. The British Journal for the Philosophy of Science. Vol. 24, 4 (1973) p. 334.

scheinlichkeitsmethoden vor allem benutzt, um die Eigenschaften und Gesetzmäßigkeiten individueller Quantenteilchen, der Mikroobjekte, zu erkennen. Der Übergang von der Erforschung von Vielteilchensystemen zur Erforschung einzelner Teilchen zeugt von der außerordentlichen Elastizität und Fruchtbarkeit wahrscheinlichkeitstheoretischer Methoden. Dieser Übergang wurde auf der Grundlage wesentlicher Veränderungen in den Verfahren möglich, mit denen das Wahrscheinlichkeitskonzept zur Anwendung gebracht wird. In der klassischen Physik wurden die Eigenschaften und Gesetzmäßigkeiten unmittelbar in der Sprache von Wahrscheinlichkeitsverteilungen ausgedrückt. In der Quantenphysik werden hingegen die Zustände der Mikroteilchen über spezifische Charakteristika, Wellenfunktionen und Dichtematrix eingeführt.

Die Veränderung in der Aufgabenstellung führt nun zu der Frage, wie es auf der Grundlage von wahrscheinlichkeitstheoretischen Methoden möglich ist, Eigenschaften und Gesetze individueller Teilchen zu untersuchen. Schließlich ist die Wahrscheinlichkeitstheorie bereits definitionsgemäß die Wissenschaft zufälliger Massenerscheinungen.

Die Wahrscheinlichkeitsmethoden werden in der Quantenmechanik ebenfalls auf der Grundlage von Massenerscheinungen eingeführt. Das ist aber etwas völlig anderes als in der klassischen Physik. In der Quantenphysik geht man von der Statistik der Beobachtungen, der Erscheinungen von Eigenschaften der zu erforschenden Mikroobjekte unter bestimmten Standardbedingungen aus. Auf der Grundlage einer stabilen Vielfalt in den Resultaten dieser Beobachtungen zieht man dann Rückschlüsse auf die entsprechenden Eigenschaften dieser Objekte. V. A. Fok stellte fest: „Das Mikroobjekt zeigt sich in der Wechselwirkung mit dem Meßgerät ... Das Resultat der Wechselwirkung des atomaren Objekts mit dem klassisch beschriebenen Meßgerät ist jenes experimentelle Element, dessen Systematisierung auf der Grundlage dieser oder jener Annahmen über die Eigenschaften des Objekts die

Aufgabe der Theorie darstellt. Aus der Untersuchung derartiger Wechselwirkungen werden die Eigenschaften eines atomaren Objekts abgeleitet, und die Voraussagen der Theorie werden als zu erwartende Resultate für diese Wechselwirkungen formuliert ... Unter den gegebenen äußeren Bedingungen ist das Resultat der Wechselwirkung des Objekts mit dem Gerät im allgemeinen keineswegs eindeutig vorbestimmt, sondern lediglich durch eine bestimmte Wahrscheinlichkeit gekennzeichnet. Eine Serie derartiger Wechselwirkungen führt zur Statistik, der eine entsprechende Wahrscheinlichkeitsverteilung entspricht. Diese Wahrscheinlichkeitsverteilung bildet die unter den gegebenen Bedingungen existierenden potentiellen Möglichkeiten ab ... Die Wahrscheinlichkeitsverteilung unterliegt dann der experimentellen Überprüfung."[1])

Wenn man von Beobachtungsserien (-kollektiven, -ensembles) spricht, muß man unterstreichen, daß sie auch über solche Grundcharakteristika verfügen, die den Wahrscheinlichkeitssystemen der klassischen Physik zukommen. Die Resultate der Einzelbeobachtungen sind voneinander unabhängig. Die Struktur der Massenerscheinungen, die von langen Beobachtungsreihen gebildet werden, ist zufälliger Natur, wird also über die Kategorie Zufall bestimmt. Wir hatten bereits betont, daß die Bestimmung jedes Zufallsereignisses (jeder Beobachtung) sich auch auf Charakteristika stützt, die der gesamten Menge der entsprechenden zufälligen Ereignisse zukommt (Wellenfunktion und die experimentellen Bedingungen).

Folglich behält jene Begründung für die Wahrscheinlichkeit, die der klassischen Physik eigen ist, voll und ganz ihre Bedeutung bei der Fundierung statistischer Kollektive von Beobachtungen in der Quantenmechanik. In der Quantenmechanik werden die Resultate solcher Beobachtungen aber nicht um ihrer selbst erforscht. Auf der Grundlage derartiger Beobachtungen werden Schlußfol-

---

[1]) В. А. Фок. Квантовая физика и философские проблемы. В: Ленин и современное естествознание. Москва 1969, стр. 194–196.

gerungen über die Eigenschaften, die Struktur und die Gesetzmäßigkeiten von Mikroteilchen gezogen. Übereinstimmend damit sind für die Begründung der Wahrscheinlichkeit die Kategorien Notwendigkeit und Zufälligkeit nicht mehr ausreichend. Für die Quantenmechanik benötigt man noch zusätzlich die Kategorie der potentiellen Möglichkeit. Auf der Grundlage von Beobachtungsdaten werden die Eigenschaften von Mikroobjekten bestimmt. Die Wellenfunktion charakterisiert deren physikalischen Zustand. Diese Größe ist aber eine solche Charakteristik, die gleichzeitig sämtliche möglichen Erscheinungsformen von Eigenschaften unter festgelegten Bedingungen zu bestimmen erlaubt. Deshalb spricht man davon, daß die Wellenfunktion die potentiellen Möglichkeiten im Verhalten von Objekten unter bestimmten Bedingungen abbildet. Die Kategorie Möglichkeit hat die Sprache der Wahrscheinlichkeitstheorie in der Quantenmechanik stark begünstigt. W. HEISENBERG schrieb: „In der Tat glaube ich, daß die Sprache, die bei den Physikern gebräuchlich ist, wenn sie über Atomvorgänge sprechen, in ihrem Denken ähnliche Vorstellungen hervorruft wie der Begriff ‚Potentia'. So haben sich die Physiker allmählich wirklich daran gewöhnt, die Elektronenbahnen und ähnliche Begriffe nicht als eine Wirklichkeit, sondern eher als eine Art von ‚Potentia' zu betrachten. Die Sprache hat sich, wenigstens in einem gewissen Ausmaße, schon an die wirkliche Lage angepaßt ... es ist eine Sprache, die Bilder in unserem Denken hervorruft, aber zugleich mit ihnen doch auch das Gefühl, daß die Bilder nur eine unklare Verbindung mit der Wirklichkeit besitzen, daß sie nur die Tendenz zu einer Wirklichkeit darstellen."[1])

Diese Auffassung von der Interpretation der Quantentheorie wird unmittelbar mit der Bestimmung des Wahrscheinlichkeitsbegriffs selbst verbunden: V. A. FOK stellte dazu fest: „Die Wahrscheinlichkeit dieses oder jenes

---

[1]) W. HEISENBERG, Physik und Philosophie. Frankfurt/M. 1959, S. 151/152.

Verhaltens des Objektes unter bestimmten äußeren Bedingungen wird durch die inneren Eigenschaften des gegebenen individuellen Objektes und dessen äußere Bedingungen bestimmt; sie ist die zahlenmäßige Schätzung der potentiellen Möglichkeiten für dieses oder jenes Verhalten des Objekts. Diese Wahrscheinlichkeit tritt in der Verhältniszahl der verwirklichten Fälle des gegebenen Verhaltens des Objekts auf, und diese Zahl ist auch ihr Maß. Somit bezieht sich die Wahrscheinlichkeit auf das einzelne Objekt und charakterisiert seine potentiellen Möglichkeiten."[1])

In letzter Zeit allerdings trifft man wieder häufiger auf die Vermutung, daß die Feststellung, die Quantenmechanik charakterisiere die potentiellen Möglichkeiten im Verhalten der Mikroobjekte, noch nicht die ganze Wahrheit sei. Bei der Untersuchung des Möglichkeitsspektrums für das Verhalten von Mikroobjekten gestattet die Quantenmechanik, bestimmte Ordnungen bzw. Regelmäßigkeiten in der „Masse" dieser Möglichkeiten auszumachen. Auf dieser Grundlage kommt schließlich die Theorie auch zu ihren entscheidenden Schlußfolgerungen. Dabei zeigt sich, daß die Gesetzmäßigkeiten im Spektrum der Möglichkeiten durch tiefere Eigenschaften der Mikroobjekte bedingt sind. Diese Eigenschaften werden in der Theorie nicht als potentielle Möglichkeiten bestimmt. V. A. Fok stellte fest, daß die quantenmechanischen Aufgabenstellungen es zugleich erlauben, „Größen einzuführen, die ein Objekt selbst, unabhängig vom Gerät, charakterisieren (Ladung, Masse, Spin und andere Objekteigenschaften, die durch entsprechende Operatoren beschrieben werden). Gleichzeitig aber kann ein Objekt über jene Eigenschaften bestimmt werden, die durch die Konstruktion des Geräts und die damit geschaffenen äußeren Bedingungen bedingt sind (beispielsweise Welle oder Teilchen)."[2])

---

[1]) W. A. Fock, Über die Interpretation in der Quantenmechanik. In: Philosophische Probleme der modernen Naturwissenschaft. Berlin 1962, S. 203.

[2]) В. А. Фок. Квантовая физика и философские проблемы. В: Ленин и современное естествознание. Москва 1969, стр. 194.

Um das zu verstehen, muß man sich daran erinnern, daß die Charakteristika der Quantenobjekte in zwei relativ unabhängige Klassen zerfallen und daß als Basis für die Bestimmung eines Objektes jene Charakteristika gewählt werden, die zur höheren Informationscodierungsebene gehören. Das heißt, daß nicht alle Charakteristika des Objektes im Rahmen der Quantenmechanik potentielle Möglichkeiten sein können.

Die Bedeutung der Wahrscheinlichkeit für die Quantenphysik besteht vor allem darin, daß mit dieser Größe Gesetzmäßigkeiten von Objekten theoretisch erfaßbar sind, die eine komplizierte Struktur mit zwei verschiedenen Strukturniveaus besitzen, in denen bestimmte Züge der Unabhängigkeit und Autonomie enthalten sind. Wenn Feynman und Hibbs feststellen, daß das Wahrscheinlichkeitskonzept sich beim Übergang von der klassischen zur Quantenphysik nicht verändert hat, dann meinen sie damit die Interpretation der Wahrscheinlichkeit auf dem entsprechenden empirischen Ausgangsniveau. Auf der Ebene der „unmittelbaren Beobachtungen" ist die Häufigkeitsinterpretation der Wahrscheinlichkeit in der Tat nach wie vor voll anwendbar. In diesem Sinne hat der Übergang von der klassischen statistischen Physik zur Quantenphysik keinerlei wesentliche Veränderungen in die Wahrscheinlichkeitsinterpretation hineingetragen. Die Bedeutung theoretischer Vorstellungen besteht aber nicht einfach darin, die unmittelbaren Erfahrungsdaten zu beschreiben und miteinander in Übereinstimmung zu bringen, wie das im positivistischen Programm zur Analyse wissenschaftlicher Theorien behauptet wird. Die allgemeinen Begriffe und Kategorien der Wissenschaft drükken immer einen bestimmten Aspekt der materiellen Wirklichkeit aus. Wie unsere Analyse zeigt, ist der Wahrscheinlichkeitsbegriff mit der Erforschung der Struktur und des inneren Wesens der untersuchten physikalischen Objekte eng verbunden. Die Kompliziertheit der Situation, die wesentlichen Schwierigkeiten und Diskussionen sind vor allem mit der Untersuchung der Natur und der Grundlagen des Wahrscheinlichkeitskonzepts auf diesem theoretischen Niveau verbunden. Sich lediglich auf die Analyse der Wahrscheinlichkeit auf dem empirischen Niveau zu beschränken ist offenkundig unzureichend. Das wird faktisch auch nahezu von allen Teilnehmern an den Diskussionen um das Wesen des Wahrscheinlichkeitskonzepts akzeptiert.

Die Analyse der Wahrscheinlichkeit auf der Ebene der Theorie ist besonders interessant und zugleich außerordentlich kompliziert. Dabei sind für den Übergang von der klassischen zur Quantenphysik wesentliche Veränderungen zu verzeichnen (V. A. Fok, M. E. Omel'janovskij). In der klassischen Physik ist die Wahrscheinlichkeit mit der Analyse der Struktur eines Systems verbunden, das aus einer großen Zahl „nichtwechselwirkender" Teilchen gebildet wird. In der Quantenphysik ist der Begriff der Wahrscheinlichkeit dagegen mit der Strukturanalyse von einzelnen Mikroteilchen verbunden. Das hat der Physik den Weg in die Welt der Atome und Elementarteilchen eröffnet. Dabei sind entscheidende Veränderungen in der zu benutzenden Wissenschaftssprache vor sich gegangen. Die Gesetzmäßigkeiten der Mikroprozesse werden nicht mehr in der Sprache der Wahrscheinlichkeitsverteilungen formuliert, sondern mit Hilfe von Wellenfunktionen. Ein Wesenszug der Wahrscheinlichkeit in der Quantentheorie ist die „Interferenz der Wahrscheinlichkeiten", die dazu führt, daß die Gesetze über „Wahrscheinlichkeitsamplituden" ausgedrückt werden. Die Quantentheorie hat anschaulich gezeigt, daß die Kraft und Bedeutung des Wahrscheinlichkeitskonzepts im Zusammenhang mit den Vorstellungen über Systeme und Strukturen, Niveaus des inneren Aufbaus und der Organisation materieller Systeme, der Unabhängigkeit (Autonomie) und der Kopplungen von Elementen im Verband ganzheitlicher Systeme liegt. Mit der Entwicklung der Quantenphysik vertieft sich unser Verständnis für das Wesen der Wahrscheinlichkeit, es ändern sich nicht allein die Verfahren zur Berechnung der entsprechenden Größen.

Die angeführte Feststellung C. F. v. WEIZSÄCKERS ist dadurch interessant, daß sie die Aufmerksamkeit auf die Bedeutung der Rückkopplung in den Beziehungen zwischen dem Wahrscheinlichkeitskonzept und seinen Anwendungen lenkt. Sehr oft wird stillschweigend vorausgesetzt, daß die Entwicklung der wahrscheinlichkeitstheoretischen Methoden und die Vergrößerung des Anwendungsbereichs für das Wahrscheinlichkeitskonzept sich nicht auf die Interpretation der Wahrscheinlichkeit selbst auswirkt. Die Entwicklung der Anwendungen einer Theorie bleiben aber in Wirklichkeit keineswegs folgenlos für das Verständnis der entsprechenden Theorie selbst. Allgemein ist man davon überzeugt, daß das Wahrscheinlichkeitskonzept in die Quantenphysik auf besonders natürliche Weise integriert wird, immanent mit dieser Theorie verbunden ist. Die Quantenphysik aber wird bisher noch viel zu wenig für die Analyse des Wahrscheinlichkeitskonzepts herangezogen. Die weitere Entwicklung der Interpretation der Wahrscheinlichkeit in der Physik führt vor allem über detaillierte Untersuchungen der Quantentheorie. Dabei kommt dem Gedanken von der Existenz verschiedener Ebenen, der Subordination der Begriffe und der Erarbeitung von Methoden zur Synthese von Begriffen verschiedener logischer Natur in relativ einheitlichen theoretischen Systemen große heuristische Bedeutung zu.

6.3. Wahrscheinlichkeit und Information

Die Informationstheorie ist eine der wichtigsten Verallgemeinerungen des Wahrscheinlichkeitskonzepts. Mit der intensiven Ausarbeitung dieser neuen Theorie wurde die Entwicklung jener abstrakt-allgemeinen Vorstellungen über die Struktur der Materie und des Erkenntnisprozesses fortgesetzt, die mit der Ausarbeitung und Anwendung der Wahrscheinlichkeitstheorie eingesetzt hatte. Der Anwendungsbereich dieser mathematischen Theorie erweiterte sich dementsprechend.

Um das Wesen der neuen Theorie zu erfassen, ist es erforderlich, jene Aufgaben zu umreißen, die in den 40er Jahren unseres Jahrhunderts zu ihrer Herausbildung geführt haben. Eine typisch informationstheoretische Aufgabenstellung liegt vor, wenn die gesetzmäßigen Zusammenhänge folgender Komponenten aufzuklären sind:

- eine Klasse von zu übertragenden Nachrichten,
- eine Klasse von Signalen (materielle Prozesse), mit deren Hilfe diese Übertragung verwirklicht werden kann,
- ein Übertragungskanal, über den die Nachrichten übermittelt werden sollen.

Die Feststellung von gesetzmäßigen Zusammenhängen zwischen diesen Komponenten ermöglicht es, die effektivsten Verfahren zur Codierung und Übertragung von Nachrichten auszuarbeiten und die Entwicklung neuer Nachrichtenübertragungsanlagen auf eine wissenschaftliche Grundlage zu stellen.

Derartige Aufgaben werden in der Informationstheorie über streng mathematisch formulierte Charakteristika für Nachrichtenströme, Signale und Übertragungskanäle gelöst. Dabei geht man von der Wahrscheinlichkeitstheorie aus. Nachrichtenübertragungseinrichtungen werden in der Regel für die Übertragung riesiger Nachrichtenströme projektiert und eingerichtet. Die einzelne, über einen bestimmten Kanal übertragene Nachricht wird dabei als eine Mitteilung angesehen, die aus einer Menge möglicher Mitteilungen ausgewählt ist. Bei der Übertragung einer Folge von Nachrichten gibt es keine starre Gesetzmäßigkeit. Die Übertragung einer Nachricht zu einem bestimmten Zeitpunkt über einen bestimmten Kanal bedeutet noch nicht, daß damit die folgende Übertragung der nächsten Nachricht bereits vorausbestimmt ist. Im Gegenteil, nach der Übertragung einer bestimmten Nachricht kann im Prinzip eine beliebige andere übertragen werden. Zwischen den einzelnen Nachrichten gibt es keinen direkten unmittelbaren Zusammenhang, dieser liegt tiefer. In der Informationstheorie geht man bei der Bestimmung eines Nachrichtenstromes davon aus, daß die entsprechende Menge eine statistisch-wahrscheinlichkeitstheoretische Grundlage besitzt.

Für die Informationstheorie muß man verschiedene Wahrscheinlichkeitsverteilungen miteinander vergleichen und dabei bestimmen können, welche Verteilung der effektivsten Übertragung einer gegebenen Klasse von Informationen entspricht. Voraussetzung zur Lösung dieser Aufgaben war die Ausarbeitung strenger mathematischer Mittel zur Bewertung von Verteilungen. Dafür wurden neue Begriffe ausgearbeitet — Entropie und Informationsmenge.

Die Entropie einer Verteilung H für eine Zufallsgröße x wird über die negative Summe Σ der Produkte der Wahrscheinlichkeiten aller möglichen Werte der Zufallsgröße (n — Zahl der möglichen Werte) und des Logarithmus der Wahrscheinlichkeiten bestimmt:

$$H(x) = - \sum_{i=1}^{n} pi \log pi.$$

Diese Größe verfügt über eine Reihe von interessanten Eigenschaften, die für Anwendungen von Bedeutung sind. Sie wird Null, wenn es keine Vielfalt gibt, d. h., wenn die Aufgabenstellung nicht wahrscheinlichkeitstheoretisch formuliert ist. Mit der Vergrößerung der Zahl möglicher Werte einer Zufallsgröße wächst auch die Entropie. Für eine gegebene Zahl möglicher Werte erreicht sie ein Maximum, wenn jedem Wert dieser Größe gleiche Wahrscheinlichkeiten zugeordnet sind.

Bedeutsam ist, daß die Entropie eine additive Größe darstellt. Bei der Vereinigung unabhängiger Wahrscheinlichkeitssysteme summieren sich die Entropien also. Schließlich ist die Entropie einer Verteilung so bestimmt, daß man den Anteil jedes einzelnen Wertes der Zufallsgröße an dieser Größe ausmachen kann.

Den Begriff der Entropie benötigt man zur Bestimmung

des Begriffs der Information und der Informationsmenge. Der Informationsbegriff ist eine wesentliche Charakteristik von Wahrscheinlichkeitsverteilungen. Da es sich bei diesem Begriff um eine bedeutsame neue Charakteristik in der Entwicklung der Wahrscheinlichkeitstheorie handelt, kann man nicht erwarten, ihn logisch aus anderen Begriffen dieses Gebietes zu deduzieren. Um derartige Begriffe zu bestimmen, benutzt man in der Regel Beispiele und intuitive Überlegungen, die die neue Praxis theoretisch erfassen sollen. Für den Informationsbegriff hat man Überlegungen aus der Kombinatorik benutzt.

Im allgemeinen Fall hängt die Klassifikation von Nachrichten sowohl von den inneren Eigenschaften der Menge der möglichen Nachrichten als auch von den Adressaten ab. Die Nachricht, daß ein Auto 100 km/h erreicht, enthält weitaus weniger Information als die, daß ein Auto eine Geschwindigkeit bis zu 300 km/h entwickeln kann. Die Seltenheit von Autos, die solche Geschwindigkeiten zu erreichen vermögen, führt dazu, daß mit der zweiten Nachricht mehr Information übermittelt wird als mit der ersten. Andererseits gibt es solche Nachrichten, die dem Spezialisten von außerordentlicher Wichtigkeit sind, während sie der Laie bestenfalls als Anekdote wertet.

Die Einführung des Begriffs Informationsmenge hat wesentliche Fortschritte bei der Analyse von Ausdrucksformen, der Übertragung, der Umwandlung und der Speicherung von Informationen ermöglicht. Mit einem solchen Begriff konnte beispielsweise die Abhängigkeit zwischen der Menge der Signale, die zur Nachrichtenübertragung benutzt werden, dem Typ der Übertragungseinrichtung (Durchlaßfähigkeit eines Kanals) und der Klasse der zu übertragenden Informationen erfaßt werden. Dieser Begriff hat SHANNON in die Lage versetzt, eine Reihe allgemeiner Probleme zur optimalen Codierung von Nachrichten bei der Übertragung über einen bestimmten Nachrichtenkanal zu lösen.

Wie es häufig in der Wissenschaft geschieht, hat die Lösung von scheinbar sehr speziellen Fragen zur Ausarbeitung von neuen Begriffen und Vorstellungen geführt, die weit über die ursprünglichen Aufgabenstellung hinaus von Bedeutung sind und allgemeintheoretisches Interesse beanspruchen. Das war auch mit dem Informationsbegriff der Fall. Grundlage für die Entwicklung der Informationstheorie ist die Analyse von Mengen, die über eine Wahrscheinlichkeitsstruktur verfügen. Die Informationstheorie tritt zunächst als eine Theorie auf, die Wahrscheinlichkeitsstrukturen zu berechnen gestattet. Mit ihr wurden neue Eigenschaften von Wahrscheinlichkeitssynthesen entdeckt. Es wurden Verfahren gefunden, diese Systeme vom Standpunkt ihrer reichhaltigen inneren Möglichkeiten und Differenzierungen zu charakterisieren. Dementsprechend ist die Information allgemein über die Konzeption der Vielfalt[1]) und der Inhomogenität im Aufbau und in der Bewegung der Materie[2]) bestimmt.

Wenn man den Informationsbegriff der Informationstheorie als einen außerordentlich abstrakten Begriff akzeptiert, gilt es jetzt, einige Fragen zur weiteren Präzisierung der Terminologie zu klären. Die Macht abstrakter Begriffe liegt vor allem darin begründet, daß diese von der konkreten Natur der Dinge absehen. Es gibt auch keine Notwendigkeit, den Informationsbegriff starr mit dem üblichen Verständnis von Nachrichten zu verbinden. Der Informationsbegriff wird deshalb sehr oft als Synonym für den Wissensbegriff gebraucht. Es ist also außerordentlich wichtig, zwischen dem Informationsbegriff im Sinne einer kombinatorischen Vielfalt (Information 1) und im Sinne von Wissen (Information 2) zu unterscheiden.

Zwischen diesen beiden Begriffen gibt es natürlich keine starre Trennlinie. Vorstellungen über die Information 1 wurden bei der Analyse von Übertragungen der Information 2 geboren und werden heute noch genutzt, um

[1]) W. Ross Ashby, Einführung in die Kybernetik. Frankfurt/M. 1974, S. 179ff.

[2]) В. М. Глушков, О кибернетике как науке. В: Кибернетика, мышление, жизнь. Москва 1964, стр. 53.

konkrete Aufgaben für die Nachrichtenübertragung zu lösen. Die Konzeptionen zur Information 2 reichen sehr viel weiter, sind vielfältiger und umfassender, weil darin Vorstellungen über Wert, Bedeutung, Verallgemeinerungsniveau u. a. eingehen. Wie die Wertvorstellungen von Informationen mit der Konzeption der Vielfalt zu verbinden sind, ist gegenwärtig noch außerordentlich unklar. Es ist durchaus denkbar, daß man für die Lösung dieses Problems an der Weiterentwicklung der Vielfaltskonzeption anknüpfen wird.

Der Einfluß der Informationstheorie auf die Wissenschaftsentwicklung ist vor allem dem Umstand zu verdanken, daß sie eine Weiterentwicklung der wahrscheinlichkeitstheoretischen Konzeptionen darstellt. Die Informationstheorie ist aber eine derart weitreichende Verallgemeinerung der Wahrscheinlichkeitstheorie, daß sie den Rahmen dieser Theorie sprengt. Bereits die ersten Versuche, das Wesen des Informationsbegriffs (Information 1) zu erschließen führten auf Überlegungen aus der Kombinatorik, die, wie A. N. Kolmogorov unterstrich, logisch unabhängig von allen Wahrscheinlichkeitsannahmen sind.[1])

Auf der Grundlage des Informationsbegriffes wurde von A. N. Kolmogorov ein neues Forschungsprogramm entwickelt, dessen Wesen er folgendermaßen zum Ausdruck bringt: „Der Informationsbegriff ist seiner Natur nach kein spezieller Wahrscheinlichkeitsbegriff. Das Ausgangskonzept der Information als Zahl jener dualen Zahlen, die notwendig sind, um ein bestimmtes Objekt aus der endlichen Menge von Objekten hervorzuheben, hat keinerlei Gemeinsamkeiten mit der Wahrscheinlichkeitstheorie. Erst in den höheren Gebieten der Informationstheorie dominieren jetzt die Wahrscheinlichkeitsmethoden. Es ist allerdings möglich, daß sich die Beziehungen zwischen der Informationstheorie und der Wahr-

[1]) А. Н. Колмогоров, Проблемы передачи информации. т. 1, вып. 1 Москва 1965, стр. 4.

scheinlichkeitstheorie radikal ändern ... Es kann sein, daß diese Beziehungen sich umkehren und nicht die Wahrscheinlichkeitstheorie die Grundlage der höheren Gebiete der Informationstheorie darstellt, sondern die Begriffe der Informationstheorie der Wahrscheinlichkeitstheorie zugrunde liegen."[1])

Um die Informationsmenge eines Objekts über das Wahrscheinlichkeitskonzept zu bestimmen, muß man dieses Objekt als Element einer statistischen Gesamtheit mit einer bestimmten Wahrscheinlichkeitsverteilung ansehen oder annehmen, daß es aus einer Kombination von schwach gekoppelten Elementen besteht. So ist es gegenwärtig üblich, von der Menge der Erbinformation zu sprechen, die erforderlich ist, um ein Individuum einer bestimmten Art zu reproduzieren. Das Wahrscheinlichkeitskonzept zur Bestimmung dieser Erbinformation kann zu zwei Ausgangsmodellen führen. Im ersten Falle muß man die Gesamtheit aller „möglichen Arten" mit der für diese Gesamtheit gegebenen Wahrscheinlichkeitsverteilung betrachten. Was diese Verteilung bedeutet und wie sie zu bestimmen ist, bleibt dabei völlig unklar. Im zweiten Fall muß man annehmen, daß eine Art durch einen Satz von schwach miteinander gekoppelten, praktisch aber unabhängigen Veränderlichen gekennzeichnet ist. Diese Annahme ist ebenfalls nicht zu rechtfertigen, wenn man berücksichtigt, wie das in der Biologie gegenwärtig geschieht, daß jede Art durch ein System aufeinander abgestimmter, wesentlicher Merkmale bestimmt ist und diese Merkmale durch die natürliche Auswahl entstanden sind.

Analog ist es im Rahmen des Wahrscheinlichkeitskonzepts sinnlos, etwa zu fragen, welche Informationsmenge in „Krieg und Frieden" von L. Tolstoi enthalten ist. Das Wahrscheinlichkeitskonzept setzt entweder voraus, daß dieser Roman in eine Gesamtheit „möglicher Romane"

---

1) А. Н. Колмогоров, Вестник Академии наук СССР 1965, № 5, стр. 95.

mit einer stabilen Wahrscheinlichkeitsverteilung eingeht. Oder es nimmt an, daß die einzelnen Szenen des Romans praktisch nicht miteinander verbunden sind. Beide Annahmen sind ersichtlicher Weise gleichermaßen sinnlos.

Im Gegensatz zum Wahrscheinlichkeitskonzept interessiert uns aber, wie A. M. Kolmogorov feststellt, viel häufiger die Informationsmenge für ein einzelnes Objekt. Die Realisierung seines neuen Forschungsprogramms verbindet er deshalb mit der Erarbeitung eines algorithmischen Konzepts zur Informationstheorie. Dementsprechend werden die Grundbegriffe der Informationstheorie bestimmt. Besondere Bedeutung wird einer universellen Programmierungsmethode zugemessen, über die das zu erforschende Objekt konstruktiv bestimmt werden kann. Es wird über die Länge des entsprechenden Programms eine Bewertung eingeführt. So läßt sich dann die relative Kompliziertheit des Forschungsobjekts bestimmen.[1])

Ohne in die Details dieses Forschungsprogramms einzudringen, sei hier auf einige seiner Besonderheiten hingewiesen. Das algorithmische Konzept der Wahrscheinlichkeitstheorie mißt der Analyse und dem Vergleich von Strukturen der Forschungsobjekte ebensolche Bedeutung zu wie das Wahrscheinlichkeitskonzept dieser Theorie. Dafür wird der Begriff der relativen Kompliziertheit der Objekte eingeführt. Dieser Begriff erlaubt weitaus allgemeinere Strukturen miteinander zu vergleichen, als das in der bisherigen Theorie möglich ist. Die Wahrscheinlichkeitsstrukturen tragen im Rahmen der neuen Vorstellungen den Charakter von Spezialfällen und entsprechen dem niederen Niveau der „Programmierungsmethoden".

Interessant ist die folgende Analogie. Nehmen wir an, wir hätten ein bestimmtes Objekt in der Sprache einer bestimmten Klasse von Begriffen und Vorstellungen zu reproduzieren. Wenn man dabei die maximale Anzahl

---

[1]) А. Н. Колмогоров. Проблемы передачи информации. т. 5, вып. 3 Москва 1969, стр. 3.

voneinander unabhängiger Begriffe und Vorstellungen benutzt, heißt das, daß zwischen den Elementen der Beschreibung faktisch keine logischen Beziehungen vorhanden sind, daß also diese Beziehungen zufälligen Charakter tragen. Die Entschlüsselung der logischen Beziehungen führt zur Aufdeckung der Struktur und damit zur Verringerung des zufälligen Anteils.

Die allgemeinere Natur des neuen Zugangs zur Informationstheorie zeigt sich nicht nur bei der Analyse der Natur des Zufalls. Sie ist vielmehr mit jenen Möglichkeiten verbunden, die die allgemeine Algorithmentheorie in sich birgt. Diese Theorie gewinnt in der Wissenschaft heute immer mehr an Bedeutung. Immer häufiger kann man beobachten, daß auf diesem Wege mathematische Methoden in die Biologie, die Ökonomie, die Linguistik und „höhere Etagen" wissenschaftlicher Erkenntnisse eindringen. Die Bedeutung der Algorithmentheorie hat im Gebäude der Mathematik selbst entscheidend zugenommen. Diese Methoden sind offensichtlich besonders für die Erforschung komplexer, hochentwickelter Objekte geeignet.[1])

Bei der Entwicklung der konstruktiven Mathematik, deren Kernstück die Algorithmentheorie bildet, geht es vor allem darum, „solche mathematische Theorien zu schaffen, für die der Weg vom abstrakten Denken zum realen Objekt und die Beziehungen zwischen diesen weniger indirekt und überschaubarer als in den entsprechenden Theorien der klassischen Mathematik gestaltet werden kann."[2])

In der Algorithmentheorie werden die Untersuchungsobjekte konstruktiv bestimmt, d. h., sie sind aus bestimmten Ausgangselementen aufgebaut. Das bedeutet, daß bereits der Ausgangspunkt der Algorithmentheorie be-

---

[1]) Н. Рашевский. Математические основы общей биологии. В: Математическое моделирование жизненных процессов. Москва 1968, стр. 277.

[2]) Н. А. Шанин. Труды математического института им. В. А. Стеклова LXVII Москва 1962, стр. 285.

stimmte Vorstellungen über die Existenz verschiedener Strukturniveaus in theoretischen Systemen enthält. Mit der Entwicklung der Algorithmentheorie werden fundamentale Theoreme formuliert, die die Gesetzmäßigkeiten des Aufbaus hinreichend komplizierter „konstruktiver Objekte" aus gegebenen Objekten widerspiegeln. Man kann annehmen, daß diese Theoreme den allgemeinen Gesetzmäßigkeiten der Beziehungen zwischen den Strukturniveaus in komplizierten selbstregulierenden Systemen entsprechen (in bestimmter Beziehung werden sie ihnen sogar isomorph sein).

Es ist zu hoffen, daß das algorithmische Konzept der Informationstheorie in dieser Richtung zu entscheidenden Fortschritten führt. Während in der gegenwärtigen Informationstheorie Eigenschaften von Systemen mit einer relativ einfachen Wahrscheinlichkeitsstruktur untersucht werden, ist die Entwicklung des algorithmischen Ansatzes darauf gerichtet, Systeme mit klar ausgeprägten Ebenen des inneren Aufbaus und der Determination einzuschließen und Strukturumbildungen zu berücksichtigen. Die Vervollkommnung der Forschungsmethoden für derart komplexe Systeme sind mit Verallgemeinerungsprozessen bisheriger Erkenntnisse auf das engste verbunden.

Der Informationsbegriff entstand also mit der Verallgemeinerung der Wahrscheinlichkeitstheorie. Allerdings stellte sich sehr bald heraus, daß er logisch vom Wahrscheinlichkeitsbegriff unabhängig ist und sogar noch allgemeiner ist als dieser. Damit war die Frage nach der Analyse der Grundlagen der Wahrscheinlichkeitstheorie auf der Basis informationstheoretischer Überlegungen gestellt. Die Erörterung dieser Frage führt zur Diskussion von grundlegenden wissenschaftlichen Auffassungen, die den gesamten kategorialen Apparat der Wissenschaft tangieren.

6.4. *Elementare Kausalität und abstrakte Möglichkeit*

Die Entwicklung der gegenwärtigen Auffassungen zur Materiestruktur zeugt davon, daß der Unbestimmtheit, die die wahrscheinlichkeitstheoretischen Methoden auszeichnet, prinzipielle Bedeutung zukommt. Das läßt sich mit dem Gedanken der relativ autonomen Ebenen der Informationscodierung und der Determination hinreichend begründen. Trotzdem wurde und wird der These über den prinzipiellen Charakter wahrscheinlichkeitstheoretischer Unbestimmtheit die These von den verborgenen Parametern entgegengestellt. Unter Berücksichtigung der Tatsache, daß die Auseinandersetzungen um diese Konzeption außerordentlich scharf geführt wurden und teilweise heute noch werden, wollen wir versuchen, sie hier aus der Sicht der Konzeption von den Informationscodierungsebenen zu beleuchten.

Wir haben bereits hervorgehoben, daß man in der Wahrscheinlichkeitstheorie von der Kenntnis bestimmter Ursachen der untersuchten Prozesse absieht. Es wird von jenen Ursachen abgesehen, die einen konkreten Wert der Zufallsgröße aus dem Spektrum ihrer möglichen Werte im Einzelversuch auswählen. Das ist die Grundlage für den Übergang zur Verteilung als dem Grundbegriff der Wahrscheinlichkeitstheorie. Die Invarianz der Verteilungen gegenüber den Ursachen von Einzelergebnissen wird in den Forderungen der Regellosigkeit, dem ausgeschlossenen Spielsystem u. a. fixiert. Die konkreten Ursachen für die Einzelergebnisse mögen dabei bekannt sein oder auch nicht. In der Mehrzahl der Anwendungen der Theorie läßt sich gegenwärtig über die einzelnen Versuchsausgänge nichts sagen. Sie sind der Wissenschaft unbekannt und ihre Kenntnis scheint nicht wesentlich.

Bei der Analyse der statistischen Gesetze wurde die Frage gestellt, ob es sinnvoll ist, von der kausalen Bedingtheit für die jeweiligen Werte einer Zufallsgröße zu sprechen. Da die Wahrscheinlichkeitstheorie derartige Ursachen nicht betrachtet, geht diese Frage über die Wahrscheinlichkeitstheorie hinaus und wird in der Regel in allgemeinphilosophischen Erörterungen diskutiert.

Vom Standpunkt jener philosophischer Strömungen, die Kausalität und Determinismus anerkennen, steht eine positive Antwort auf diese Frage außer Zweifel. Da die im Experiment fixierten Unterschiede einzelner Versuchsergebnisse vorhanden sind, müssen sie materiell bedingt sein, d. h. muß es in der objektiven Realität selbst dafür Ursachen geben. Eine solche Behauptung stellt ein philosophisches Axiom dar. Da diese Ursachen in den wahrscheinlichkeitstheoretischen Untersuchungen aber keine Rolle spielen, müssen derartige Ursachen unwesentlich sein.

Daß die Ursachen für den Einzelfall in wahrscheinlichkeitstheoretischen Untersuchungen nicht auftauchen, wurde von den philosophischen Strömungen ausgenutzt, die Kausalität und Determinismus ablehnen. Dabei handelt es sich vor allem um die positivistische Philosophie. Die Vertreter dieser Philosophie verabsolutierten diesen Fakt und kamen zu der Schlußfolgerung, daß die statistischen Theorien auf einen prinzipiellen Indeterminismus beruhen und das Kausalitätsprinzip verletzen. Dabei wird aber lediglich eines der Axiome der positivistischen Philosophie reproduziert. Es ist so, wie P. LANGEVIN hervorhob: „Wer versucht, die Evolution unserer Erkenntnis zum Determinismus als Bankrott der Kausalität darzustellen, beruft sich vergebens auf die neuesten Errungenschaften der modernen Wissenschaft. Seine Ideen kommen nicht von dort, sie entstammen vielmehr einer alten, der wissenschaftlichen Erkenntnis feindlichen Philosophie."[1])

Daß die statistischen Theorien von den Ursachen für Einzelergebnisse absehen, bedeutet keineswegs, daß man in diesen Theorien überhaupt keine Ursachen betrachtet und berücksichtigt. Statistische Theorien werden auf der Grundlage der grundlegenden Ursachen der zu untersuchenden materiellen Systeme entwickelt, die ihren Ausdruck in den Verteilungen finden. N. WIENER hob hervor: „Ich war gezwungen, die Kausalität als etwas zu betrachten, das in größerem oder geringerem Maße vorhanden

---

[1]) П. Ланжевен, Избранные произведения. Москва 1949, стр. 398.

sein kann, und nicht als etwas, das entweder vorhanden ist oder nicht."[1]) Der Schlüssel zur Lösung dieses Problems liegt u. E. in der Konzeption von den relativ unabhängigen (autonomen) Determinationsebenen, die die Auffassung von der Kausalität mit einschließt.

Auch in der Welt der kausalen Zusammenhänge gibt es eine Art hierarchischer Ordnung und Spezialisierung. Die einzelnen kausalen Zusammenhänge unterscheiden sich und bilden relativ unabhängige Klassen. Wenn wir bei der Erforschung eines komplizierten Prozesses nicht von der Vorstellung verschiedener Ebenen ausgehen und das Kausalitätsprinzip in gleicher Weise auf die zufälligen und die notwendigen Beziehungen anwenden, stoßen wir auf unüberwindliche Erkenntnisschranken. Dabei sollte man sich der Feststellungen von F. ENGELS erinnern, daß es sinnlos sei, absolut alle Kausalverkettungen erforschen zu wollen, die zu einer bestimmten Zahl von Erbsen in der Schote geführt haben: „Die Wissenschaft, welche sich daransetzen sollte, den casus dieser einzelnen Erbsenschote in seiner Kausalverkettung rückwärts zu verfolgen, wäre keine Wissenschaft mehr, sondern pure Spielerei; denn dieselbe Erbsenschote allein hat noch unzählige andre, individuelle, als zufällig erscheinende Eigenschaften, Nuance der Farbe, Dicke und Härte der Schale, Größe der Erbsen, von den durch das Mikroskop zu enthüllenden individuellen Besonderheiten gar nicht zu reden. Die eine Erbsenschote gäbe also schon mehr Kausalzusammenhänge zu verfolgen, als alle Botaniker der Welt lösen könnten."[2])

In diesem Zusammenhang ist es offensichtlich, daß die Frage nach der Kausalität für Einzelergebnisse in statistischen Theorien zwei Seiten hat. Erstens geht es um die Anerkennung der abstrakten Möglichkeit solcher Ursachen, d. h. um bestimmte philosophische Prinzipien. Zweitens geht es um den relativen Wert der Kenntnis sol-

[1]) N. WIENER, Mathematik mein Leben. Düsseldorf, Wien 1962, S. 270.
[2]) F. ENGELS, Dialektik der Natur: In: MEW. Berlin 1973, Bd. 20, S. 488.

cher Ursachen, d. h. um den Zuwachs an realem Wissen, der aus der Kenntnis derartiger Ursachen erwächst.

Man muß daran erinnern, daß in wissenschaftlichen Auseinandersetzungen die unterlegene Partei stets geneigt ist, die Diskussion auf zweitrangige Fragen zu verlagern, die sich gewöhnlich noch nicht exakt beantworten lassen, so daß der Spekulation Tür und Tor geöffnet sind. Deshalb kann man von Gegnern der Kausalitätsauffassung häufig hören: Wer annimmt, daß es in der Natur Kausalität gibt, der muß jene konkreten Ursachen und Mechanismen aufzeigen, die beispielsweise zu der entsprechenden Anzahl von Erbsen in dieser Schote geführt haben. Wenn man dazu nicht imstande ist, hat man auch kein Recht von der Haltlosigkeit des Indeterminismus zu sprechen und durchgängige Kausalität zu behaupten. Entweder Kausalität oder Akausalität lautet dann die Alternative. Der Gedanke, daß es verschiedene Ebenen in den Kausalbeziehungen gibt und die Zusammenhänge zwischen diesen Ebenen dialektisch vermittelt sind, kommt dann gar nicht erst auf.

Historisch wurden die philosophischen Diskussionen über die kausale Bedingtheit der Elementarereignisse in der Quantenmechanik zunächst vom Standpunkt abstrakter Möglichkeiten geführt. Während in der klassischen Physik das Verhalten und die Eigenschaften einzelner Objekte sowohl wahrscheinlichkeitstheoretisch als auch auf der Grundlage starrer Determination beschrieben werden konnten, blieb für die Abbildung von Eigenschaften und Gesetzmäßigkeiten der Mikroobjekte in der modernen Physik nur noch die Sprache der Wahrscheinlichkeitstheorie.

Es wurde versucht, diesen gravierenden Unterschied über die Konzeption verborgener Parameter zu kompensieren. Danach sollte jedes zufällige Ereignis im Quantenbereich streng und eindeutig von materiellen Faktoren in den Mikroprozessen bestimmt werden. In der Quantentheorie, so wurde argumentiert, sieht man von diesen Ursachen ab. Es wurden zahlreiche Versuche unternommen, solche Parameter zu finden, entsprechende mathematische Ausdrücke zu entwickeln und auf dieser Grundlage die gesamte Quantenmechanik umzuinterpretieren. Viele dieser Versuche trugen klar mechanischen Charakter. Sie wurden nach dem Vorbild der starren Determination teilweise sogar in völliger Übereinstimmung mit der klassischen Mechanik formuliert und mußten allein deshalb scheitern. Bisher sind aber auch alle anderen Versuche, in irgendeiner Form verborgene Parameter aufzufinden, im Prinzip ergebnislos verlaufen.

Die Frage nach den verborgenen Parametern ist in ihrer Grundlage eine physikalische Frage, die der Kompetenz dieser Wissenschaft allein zuzurechnen ist. Die Diskussionen über die verborgenen Parameter haben aber auch eine Reihe philosophischer Aspekte.

Vor allem muß man hervorheben, daß die Entdeckung von verborgenen Parametern niemals Selbstzweck sein kann. Gewöhnlich geht man davon aus, daß derartige Untersuchungen darauf gerichtet sind, die Quantenmechanik weiterzuentwickeln und Vorleistungen für eine Elementarteilchentheorie zu erbringen. Das aber müßte bewiesen werden. Im Lichte unserer bisherigen Ausführungen müßte sogar die Aufgabenstellung erst noch begründet werden. Das aber tun die Anhänger der Konzeption verborgener Parameter nirgends.

Wir haben darauf hingewiesen, daß in der Wissenschaft heute zunehmend Methoden der Systemforschung angewandt werden, derzufolge das tiefere Eindringen in das Wesen bestimmter Objekte darin besteht, sie als Elemente einer bestimmten Klasse von Systemen zu erkennen. Das tiefere Verständnis des Wesens eines Gesamtsystems ist zugleich ein tieferes Verständnis des Wesens der entsprechenden Elemente und umgekehrt. Bei diesem Erkenntnisprozeß kommt es immer mehr auf die Erkenntnis von Strukturen an. In den Wahrscheinlichkeitssystemen sind die Verteilungen beispielsweise solche Strukturen. Auf der Grundlage dieser Verteilungen ist es dann auch möglich, die höhere Ebene in der Informationscodierung einzuführen. Die Aufgabenstellung, verborgene Parameter zu suchen, berücksichtigt diese wichtige Rolle der Wahrscheinlichkeitsverteilungen bei der Erkenntnis von Naturgesetzen nicht. Selbst wenn derartige Parameter gefunden würden, wäre zu fragen, wodurch sie unser Wissen von den Verteilungen erweitern. Im Quantenfall müßten, die Existenz von verborgenen Parametern vorausgesetzt, jedem wahrscheinlichen Ereignis eigene Ursachen entsprechen. Die Kenntnis derartiger Ursachen würde möglicherweise die Bedingungen für bestimmte Verteilungen aufklären, aber nichts Neues in unsere Vorstellungen über den Charakter der Verteilungen und deren Ausdrucksformen einbringen. Damit wäre also keinerlei neue Information über die höhere Ebene der Informationscodierung gewonnen.

Die Aufgabe nach verborgenen Parametern zu suchen, wird gegenwärtig so gestellt, daß man die entsprechenden Objekte isoliert. Sie sollen außerhalb und unabhängig von ihrem entsprechenden Systemzusammenhang erforscht werden. Darin liegt u. E. die Schwäche dieser Konzeption. Nur wenn es gelänge, eine solche Aufgabenstellung mit Systemkonzeptionen zu verknüpfen, in denen vor allem auch der Gedanke von den relativ unabhängigen Ebenen der Informationscodierung und Determination eine Rolle spielt, könnte man in methodologischer Hinsicht von einer korrekt formulierten Aufgabe sprechen.

Weiter haben wir gesehen, daß Begriffe, die das Wesen höherer Stufe von Forschungsobjekten zum Ausdruck bringen (die zu höheren Ebenen der Informationscodierung gehören), sehr allgemeiner Natur sind. Sie sind Integrale über die Werte von Parametern, die eine niedere Codierungsebene ausdrücken. Der Erkenntnisfortschritt ist also mit immer abstrakteren Begriffen verbunden, die nicht so sehr die elementaren Ausgangsereignisse ausdrücken als vielmehr eine bestimmte Struktur, eine bestimmte Ordnung in der Menge der Ausgangsereignisse. Die abstrakt-allgemeinen Begriffe müssen keineswegs alle jene Charakteristika miterfassen, die die äußere Erscheinung jedes Elementarereignisses zum Ausdruck bringen. Auch dieser Umstand wird von der Konzeption verborgener Parameter nicht berücksichtigt. Diese Konzeption geht vielmehr davon aus, daß die Begriffe im Rahmen beliebiger theoretischer Systeme lediglich über eindeutige Korrespondenzen zu verfügen haben, und übersieht, daß es Begriffe verschiedener Allgemeinheit im Rahmen einer Theorie geben kann.

Die Suche nach verborgenen Parametern muß vor allem berücksichtigen, daß es verschiedene Ebenen in den Eigenschaften und in der Determination materieller Prozesse gibt. Sie muß in befriedigender Weise die Frage nach der Spezifik des Allgemeinen mindestens vorläufig beantworten und erklären, warum bei der Erkenntnis tieferer Eigenschaften materieller Objekte und Systeme immer mehr abstrakt-allgemeine Begriffe eingeführt werden. Es ist erforderlich, unter diesem Blickwinkel den Begriff des physikalischen Zustands eines Systems zu analysieren und die Veränderungen im Inhalt dieses Begriffs zu fixieren, die die moderne Physik mit sich gebracht hat. Schließlich hätte eine Konzeption verborgener Parameter auszuweisen, worin der entsprechende Wissenszuwachs besteht.

Wenn all diese Forderungen erfüllt werden könnten, dann hätte eine Konzeption verborgener Parameter auch einen gewissen Sinn. Die entsprechenden Diskussionen sind jedenfalls auch in jener Physikergeneration nicht verebbt, die mit den neuen Ideen der Quantentheorie groß geworden ist.[1]) Interessant ist ferner, daß gerade N. Wiener, der im Zusammenhang mit der Entwicklung der Kybernetik die Notwendigkeit eines wahrscheinlichkeitstheoretischen Weltverständnisses propagiert hat, sich zugleich ebenso unzweideutig für eine Konzeption verborgener Parameter in der Quantenmechanik ausgesprochen hat.[2])

---

[1]) Zu den Diskussionen über verborgene Parameter siehe: Reviews of Modern Physics **40**, 1 (1968) pp. 228–236.

[2]) N. Wiener, A. Siegel, B. Rankin, W. Martin, Differential Space, quantum Systems and prediction. Massachusetts, London 1966.

7. Schlußbemerkungen

Eine der grundlegenden Aussagen der marxistischen Philosophie ist die vom historischen Charakter des Denkens. F. ENGELS stellte fest: „Das theoretische Denken jeder Epoche ... ist ein historisches Produkt, das zu verschiedenen Zeiten sehr verschiedene Formen und damit sehr verschiedenen Inhalt annimmt".[1]) Die Anerkennung des historischen Charakters des theoretischen Denkens bedeutet, daß dieses in seiner Entwicklung gesetzmäßig mehrere Etappen durchläuft. Es versteht sich, daß man bei derartigen Feststellungen immer von jenem Denken spricht, das auf konkreten Wissenszuwachs gerichtet ist und sich auf die Entwicklung philosophischer Vorstellungen über den Aufbau und die Evolution der objektiven Realität und deren Erkenntnis stützt. Jede dieser Etappen in der Entwicklung des wissenschaftlichen Denkens ist durch bestimmte Besonderheiten charakterisiert, die ihren Niederschlag sowohl in den entsprechenden Problemstellungen als auch in den jeweiligen Forschungsmethoden finden.

Bei der historischen Analyse des Erkenntnisprozesses kommt der Entwicklung der Grundformen des theoretischen Wissens große Bedeutung zu. Noch bis vor kurzem wurde bei der Analyse der theoretischen Formen des Wissens Begriffen und Gesetzen die Hauptaufmerksamkeit gewidmet. Gegenwärtig ist man sich aber weitestgehend darüber einig, daß die Grundform und der vollendeteste Ausdruck des theoretischen Wissens über einen bestimmten Wirklichkeitsbereich in der wissenschaftlichen Theorie als einem relativ geschlossenen konzeptionellen Begriffssystem zu sehen ist.[2]) Diese Form des theoretischen Wis-

---

[1]) F. ENGELS, Dialektik der Natur. In: MEW. Berlin 1973, Bd. 20, S. 330.

[2]) W. HEISENBERG, Schritte über Grenzen. München 1971, S. 87–94.

И. В. Кузнецов, Преемственность, единство и минимизация знания-фундаментальные черты научного метода. В: Материалисти-

sens gewann für die physikalisch-mathematischen Wissenschaften mit der Herausbildung der klassischen Mechanik jene herausragende Bedeutung, die sie bis heute behalten hat. Deshalb auch betrachtet man bei der philosophischen Analyse wissenschaftlicher Erkenntnisse solche Theorien wie die klassische Mechanik, die Thermodynamik, die Elektrodynamik, die statistische Mechanik, die Relativitätstheorie und die Quantenmechanik als Musterbeispiele für realen Erkenntnisfortschritt. Die relativ geschlossenen wissenschaftlichen Theorien sind außerordentlich wichtige Produkte der Wissenschaftsentwicklung. Große wissenschaftliche Revolutionen sind in erster Linie mit der Ausarbeitung neuer wissenschaftlicher Theorien verbunden.

Festzuhalten ist, daß jede hinreichend vollständige Erkenntnis über einen materiellen Prozeß ein konzeptionelles System darstellt. Es gibt aber vielfältige solcher Systeme. In den physikalisch-mathematischen Wissenschaften verdienen nur die entwickeltesten von ihnen die Bezeichnung „echter" wissenschaftlicher Theorien. Man muß zugleich mit dieser Feststellung aber auch anerkennen, daß es noch kein hinreichend adäquates und allgemein anerkanntes Verständnis für diese wichtige Kategorie der Wissenschaft gibt. Unter einer wissenschaftlichen Theorie versteht man häufig noch die Gesamtheit vorhandener theoretischer Kenntnisse über bestimmte Objekte und Prozesse, obgleich zwischen den einzelnen Erkenntnissen teilweise keine logischen Zusammenhänge sichtbar sind. Wissenschaftliche Theorien im engeren Sinne des Wortes werden aber über solche wichtigen Charakteristika bestimmt wie relative logische Vollständigkeit, Geschlossenheit und Widerspruchsfreiheit. Das Wesen dieser Eigenschaften wissenschaftlicher Theorien zu erschließen erfordert u. a., Rolle und Bedeutung von Anfangs- und Randbedingungen in den theoretischen Untersuchun-

---

ческая диалектика и методы естественных наук. Москва 1968, стр. 324 сл.

gen aufzuklären. Wenn es in der theoretischen Arbeit mindestens prinzipiell über die Kenntnis von Anfangs- und Randbedingungen gelingt, entsprechende Klassen von Aufgaben zu lösen, ohne zusätzliche Erfahrungswerte einzubeziehen und ohne Brüche mit dem Begriffssystem selbst zuzulassen, haben wir es mit einer relativ geschlossenen und vollständigen wissenschaftlichen Theorie zu tun. Die Widerspruchsfreiheit bedeutet, daß es unmöglich ist, im Rahmen dieser Theorie einander widersprechende Schlußfolgerungen zu erhalten.

Natürlich sind auch die Vorstellungen von wissenschaftlichen Theorien nicht ein für allemal gegeben. Mit der Wissenschaftsentwicklung verändern sich zugleich auch die Vorstellungen über das Wesen wissenschaftlicher Theorien, insbesondere über deren logische Struktur. Davon zeugt vor allem die Entwicklung physikalischer Theorien. Die gegenwärtig existierenden Theorien der Physik unterscheiden sich nicht allein durch ihre jeweiligen materiellen Objekte. Eine prinzipiell wichtige Bedeutung kommt auch jenem Fakt zu, daß die physikalischen Theorien in zwei Klassen — die starr determinierten und die statistischen — zerfallen. Den Unterschied zwischen diesen beiden Klassen von Theorien kann man nicht allein damit erklären, daß sich die entsprechenden physikalischen Prozesse unterscheiden. Dieser Unterschied hat auch tieferliegende Ursachen logischer Natur. Der Übergang zu den statistischen Theorien ist ein Kennzeichen des Übergangs von der klassischen zur modernen Physik. Die moderne Physik unterscheidet sich von der klassischen nicht so sehr dadurch, daß sie es mit neuen Objekten zu tun hat, sondern vielmehr durch die Tiefe, mit der sie in das Wesen dieser Objekte eindringt, und folglich durch die tiefen Veränderungen in den logischen Grundlagen beim Aufbau physikalischer Erkenntnisse.

Die Hauptetappen im Entwicklungsprozeß des Wissens werden vor allem durch die Allgemeinheit der Prinzipien charakterisiert, die einer historisch bestimmten Klasse wissenschaftlicher Theorien logisch zugrunde liegen. Unter einer logischen Struktur einer wissenschaftlichen Theorie verstehen wir dabei die Besonderheiten ihres Begriffsapparates und die Spezifik des Zusammenschlusses der jeweiligen Begriffsvielfalt zu einem relativ geschlossenen System. Die Logik des Aufbaus wissenschaftlicher Theorien bestimmt die Grundlagen, die für die Einschaltung neuer Elemente in diese konzeptionellen Systeme und die entsprechenden Aufgabenstellungen von Bedeutung sind. Die Ausgangsprinzipien des logischen Aufbaus wissenschaftlicher Theorien bilden die Basis für einen historisch bestimmten Denkstil in den Naturwissenschaften. Die bedeutsamsten Veränderungen in der Entwicklung der Naturwissenschaften sind also mit der Veränderung der logischen Struktur wissenschaftlicher Theorien verbunden.

Aus unseren bisherigen Ausführungen muß man den Schluß ziehen, daß die Struktur wissenschaftlicher Theorien, die auf dem Prinzip starrer Determination beruhen, außerordentlich einfach ist. Sowohl der Begriffsapparat als auch die innertheoretischen Kopplungen sind in logischer Hinsicht homogen. In philosophischer Hinsicht werden sie alle einer Klasse zugerechnet, die man traditionell über die Kategorien Notwendigkeit bestimmt. Die Zufälligkeit wurde aus der Struktur von Theorien verbannt. In den notwendigen Kopplungsparametern gibt es keinerlei Subordination oder Differenzierung. Lediglich die quantitativen Einwirkungen verschiedener Parameter auf das Resultat sind unterschieden. Die Notwendigkeit wurde der Zufälligkeit absolut gegenübergestellt.

Die Entwicklung wahrscheinlichkeitstheoretischer Methoden hat zu wesentlichen Veränderungen in der logischen Struktur wissenschaftlicher Theorien geführt. Vor allen Dingen ist es zu Veränderungen im Begriffsapparat gekommen. Die Begriffe teilen sich heute in zwei Klassen, die sich nach dem Grad ihrer Allgemeinheit und ihrer Rolle in der Struktur von Theorien unterscheiden. In der traditionell philosophischen Sprache bedeutet das, daß die

Zufälligkeit in die Struktur von Theorien einbezogen ist. Die bestehenden Unterschiede in der logischen Natur von Begriffen hängen damit zusammen, daß es in den entsprechenden theoretischen Systemen verschiedene Zusammenhangsformen gibt. Da die Begriffe in zwei Klassen zerfallen, kann man dementsprechend über die Besonderheiten auf zwei Ebenen und den Zusammenhang zwischen den Ebenen sprechen. Die Zusammenhänge auf der Ebene abstrakt-allgemeiner Parameter tragen eindeutigen Charakter. Auf der niederen Ebene gibt es überhaupt keinen Zusammenhang zwischen den Parametern. Die Zusammenhänge zwischen den Parametern, die verschiedenen Ebenen zugehören, schließen Unbestimmtheiten mit ein, sind also nicht notwendig eindeutig.

Die logische Struktur statistischer Theorien sind allgemeiner, umfassender und inhaltsreicher als Theorien, die vom Prinzip starrer Determination ausgehen. Sie enthalten mehr innere Möglichkeiten für die Abbildung von Eigenschaften und Gesetzmäßigkeiten materieller Prozesse. Die Existenz von Ebenen in den theoretischen Systemen macht die wahrscheinlichkeitstheoretisch-statistischen Strukturen elastischer. Diese strukturelle Elastizität theoretischer Systeme spiegelt die Veränderungen in der Logik des Aufbaus theoretischer Systeme am vollständigsten wider. Versucht man diese Eigenschaft der Zusammenhänge zwischen den Ebenen aufzugeben, kehrt man zur starren Determination zurück.

Die Ausarbeitung von Wahrscheinlichkeitsstrukturen für wissenschaftliche Theorien zeugt davon, daß sich im wissenschaftlichen Denkstil, in den Aufgabenstellungen und den Verfahren zu ihrer Lösung, den Besonderheiten wissenschaftlicher Erklärungen und Prognosen und in den Organisationsformen wissenschaftlicher Erkenntnisse schwerwiegende Umwandlungen vollzogen haben. Der wahrscheinlichkeitstheoretische Denkstil ist elastischer und wirksamer als jener, der von der starren Determination allein ausgeht. Dafür ist vor allem der dem wahrscheinlichkeitstheoretischen Denkstil innewohnende tiefe innere

Zusammenhang mit der materialistischen Dialektik, mit deren Kategorien und konzeptionellen Vorstellungen verantwortlich. Das kann man bereits daran ablesen, daß die Begründung für die Wahrscheinlichkeitstheorie und ihre Methoden auf der Basis der Dialektik von Notwendigkeit und Zufall, Möglichkeit und Wirklichkeit, Unabhängigkeit und Ganzheit, Subordination und Koordination, Stabilität und Veränderung, Erhaltung und Erneuerung u. a. erfolgt. Davon zeugt auch anschaulich der Umstand, daß die Weiterentwicklung der Wahrscheinlichkeitstheorie sich auf Gedanken stützt, die der Erarbeitung einer Theorie über komplizierte selbstregulierende Systeme entstammen. Die Wahrscheinlichkeitstheorie wird immer dann benötigt, wenn Fragen der Subordination von Begriffen einer einheitlichen Theorie eine entscheidende Rolle spielen. Der Gedanke der Subordination selbst ist recht alt. Das Verdienst der Wahrscheinlichkeitstheorie besteht aber darin, eine erste „Theorie der Subordination" von Systemen mit so hohem Organisationsgrad zu sein, daß die Autonomie mit einbezogen ist. Sowohl diese Fragestellung selbst als auch die Wege und Methoden ihrer Lösung sind zutiefst dialektischer Natur. Das ist im Verlaufe unserer gesamten Ausführungen deutlich geworden.

Die in der Wissenschaft existierenden theoretischen Vorstellungen lassen sich natürlich nicht einzig und allein den genannten zwei Klassen von Theorien zuordnen. Mehr noch, in den theoretisch am höchsten entwickelten Gebieten der Naturwissenschaft kommt es offensichtlich zur Ausarbeitung neuer logischer Strukturen für theoretische Systeme. Darauf deuten die Anwendungen der Gruppentheorie in der Elementarteilchenphysik und der Algorithmentheorie im Bereich der kybernetischen Wissenschaften hin.

Prinzipielle Veränderungen im mathematischen Apparat führen zu Veränderungen in der Logik des Aufbau entsprechender theoretischer Systeme. Die Geschichte der naturwissenschaftlichen Erkenntnis zeigt, daß eine neue Klasse theoretischer Systeme auf der Grundlage der Negation, der Umwandlung und der Bereicherung von logischen Strukturen im existierenden Niveau wissenschaftlicher Erkenntnisse entsteht. In der gegenwärtigen Wissenschaft zerfallen aber die relativ geschlossenen Begriffssysteme nur in die zwei betrachteten Klassen. In allen anderen Fällen haben wir es praktisch noch mit halbempirischen Kenntnissen zu tun. Das verringert keinesfalls deren enorme Bedeutung, ist aber zugleich Ausdruck dafür, daß es in der Theorieentwicklung noch entsprechend große weiße Flecken gibt. Bei der Herausbildung von prinzipiell neuem Wissen sollte man nicht über logische Strukturen sprechen. Derartige Strukturen stellen das Resultat der Forschung dar, nicht aber deren Anfang oder deren Verlauf. Dementsprechend tragen die sich intensiv entwickelnden Erkenntnisse immer halbempirischen und halbtheoretischen Charakter. Die Aufgaben einer logischen Analyse sind hier prinzipiell anderer Natur als in den relativ abgeschlossenen theoretischen Systemen.

In der gegenwärtigen Etappe der Synthese des Wissens kommt der Erforschung von hochorganisierten Systemen (insbesondere biologischen) große Bedeutung zu. Diese Systeme werden durch eine außerordentliche Vielfalt struktureller Ebenen und eine Vielfalt der Wechselwirkungsformen zwischen diesen Ebenen charakterisiert. Bei der Erforschung solcher Systeme zeigt sich jetzt eine bestimmte Begrenztheit des wahrscheinlichkeitstheoretischen Denkstils. Es kommt deshalb zu seiner Modifizierung und Bereicherung. Diese Entwicklung in den Prinzipien der Forschungsaufgaben und den Ausdrucksformen für das theoretische Wissen charakterisiert vor allem die Ausarbeitung jenes Komplexes neuer wissenschaftlicher Richtungen, die gewöhnlich unter dem Sammelbegriff Kybernetik zusammengefaßt werden. Dem liegen die Untersuchungen von neuen Zugängen zum Problem der Steuerung und Regelung und ihrer Rolle und Bedeutung in der Struktur der Wissenschaft zugrunde.

Das Problem der Steuerung und Regelung wurde selbstredend auch bereits vor der Entstehung der Kybernetik erforscht. Strenge mathematische Methoden gingen aber damals faktisch immer vom Schema der starren Determination aus. In der Kybernetik wird dieses Problem nun wesentlich allgemeiner gestellt. Man geht dabei von der Autonomie und der Aktivität der Untersysteme aus. Damit erwachsen mit dem kybernetischen Herangehen bestimmte Möglichkeiten für die Verallgemeinerung der Wahrscheinlichkeitskonzeption. Die Wahrscheinlichkeitstheorie hat in der „exakten" Naturwissenschaft das Bürgerrecht für die Unabhängigkeit und Autonomie der Elemente von Wahrscheinlichkeitssystemen erkämpft. Das kybernetische Konzept aber geht noch weiter. Die Autonomie und Unabhängigkeit werden dort als notwendige Voraussetzungen zur Erforschung leistungsfähiger und effektiver Steuer- und Regelungssysteme benutzt. Autonomie und Unabhängigkeit sind dabei nicht um ihrer selbst willen wichtig, sondern für bestimmte Zwecke und Ziele.

Die Wahrscheinlichkeitsmethoden stimulieren die gegenwärtigen Untersuchungen komplizierter selbstregulierender Systeme. Es kommt zur Entwicklung der Wahrscheinlichkeitskonzeptionen selbst, und dementsprechend vertieft sich unser Verständnis für die Natur der Wahrscheinlichkeit und die Grundlagen ihrer Anwendungen. Die Analyse des Zusammenhangs der Wahrscheinlichkeit mit System- und Strukturmethoden bedeutet, daß es in den letzten Jahren eine wesentliche Veränderung im Methodengefüge wahrscheinlichkeitstheoretischer Forschungsmethoden gegeben hat. Wenn früher die Analyse des Wahrscheinlichkeitskonzepts vor allem mit dem Material der Physik verbunden war, so verschiebt sich heute das Schwergewicht methodologischer Betrachtungen immer mehr auf die hochorganisierten Systeme. Dabei kommt der materialistischen Dialektik eine entscheidende Bedeutung zu. Der Materialismus und die Dialektik werden immer mehr zu einer wirksamen Methodologie wissenschaftlicher Forschungsmethoden.

Sachverzeichnis

Personenverzeichnis

Der Autor

- analysiert erkenntnistheoretisch-methodologische Probleme in der Entwicklung der mathematischen Wahrscheinlichkeitstheorie und ihrer Anwendung in anderen Wissenschaften

- verbindet das mathematische Wahrscheinlichkeitskonzept mit dem Struktur- und Systemkonzept und leistet Beiträge zur Vertiefung unserer Erkenntnisse über die Materiestruktur

- weist idealistische und mechanistische Auffassungen zum Wesen der statistischen und wahrscheinlichkeitstheoretischen Methoden begründet zurück

WISSENSCHAFTLICHE TASCHENBÜCHER

FSC
www.fsc.org
MIX
Papier | Fördert gute Waldnutzung
FSC® C083411

Zeitfracht Medien GmbH
Ferdinand-Jühlke-Straße 7
99095 Erfurt, Deutschland
produktsicherheit@kolibri360.de